丛书主编 于康震

动 物 疫 病 防 控 出 版 工 程

猪链球菌病
SWINE STREPTOCOCCOSIS

陆承平 吴宗福 | 主编

中国农业出版社

图书在版编目（CIP）数据

猪链球菌病 / 陆承平，吴宗福主编. —北京：中国农业出版社，2015.10
（动物疫病防控出版工程 / 于康震主编）
ISBN 978-7-109-20686-1

Ⅰ.①猪… Ⅱ.①陆…②吴… Ⅲ.①猪病－链球菌病－防治②人畜共患病－链球菌病－防治 Ⅳ.①S858.28②R515.9

中国版本图书馆CIP数据核字（2015）第162823号

中国农业出版社出版
（北京市朝阳区麦子店街18号楼）
（邮政编码100125）
策划编辑　邱利伟　黄向阳
责任编辑　神翠翠　邱利伟

北京中科印刷有限公司印刷　新华书店北京发行所发行
2015年11月第1版　2015年11月北京第1次印刷

开本：710mm×1000mm　1/16　印张：15.75
字数：250千字
定价：65.00元
（凡本版图书出现印刷、装订错误，请向出版社发行部调换）

《动物疫病防控出版工程》编委会

主 任 委 员 于康震

副主任委员 陈焕春　刘秀梵　张仲秋

委　　　员（按姓氏笔画排序）

于康震　才学鹏　马洪超

孔宪刚　冯忠武　刘秀梵

刘增胜　李长友　杨汉春

张仲秋　陆承平　陈焕春

殷　宏　童光志

本书编写人员

陆承平（博士，教授，南京农业大学，担任主编）

吴宗福（博士，副教授，南京农业大学，担任主编，负责第二章编写）

祝昊丹（博士，江苏省农业科学院，负责第一章编写）

王楷宬（博士，副研究员，中国动物卫生与流行病学中心，负责第三章编写）

王丽平（博士，教授，南京农业大学，负责第四章编写）

孙建和（博士，教授，上海交通大学，负责第五章、第六章编写）

汤　芳（博士，南京农业大学，负责附录部分编写）

总　序

近年来，我国动物疫病防控工作取得重要成效，动物源性食品安全水平得到明显提升，公共卫生安全保障水平进一步提高。这得益于国家政策的大力支持，得益于广大动物防疫人员的辛勤工作，更得益于我国兽医科技不断进步所提供的强大支撑。

当前，我国正处于加快建设现代养殖业的历史新阶段，人民生活水平的提高，不仅要求我国保持世界最大规模的养殖总量，以满足动物产品供给；还要求我们不断提高养殖业的整体质量效益，不断提高动物产品的安全水平；更要求我们最大限度地减少养殖业给人类带来的疫病风险和环境压力。要解决这些问题，最根本的出路还是要依靠科技进步。

2012年5月，国务院审议通过了《国家中长期动物疫病防治规划（2012—2020年）》，这是新中国成立以来，国务院发布的第一个指导全国动物疫病防治工作的综合性规划，具有重要的标志性意义。为配合此规划的实施，及时总结、推广我国最新兽医科技创新成果，同时借鉴国外先进的研究成果和防控经验，我们通过顶层设计规划了《动物疫病防控出版工程》，以期通过系列专著出版，及时将研究成果转化和传播到疫病防控一线，全面提高从业人员素质，提高我国动物疫病防控能力和水平。

本出版工程站在我国动物疫病防控全局的高度，力求权威性、科学性、指导性和实用性相兼容，致力于将动物疫病防控成果整体规划实施，重点把国家优先防治和重点防范的动物疫病、人兽共患病和重大外来动物疫病纳入项目中。全套书共31分册，其中原创专著21部，是根据我国当前动物疫病防控工作的实际需要而规划，每本书的主编都是编委会反复酝酿选定的、有一定行业公认度的、长期在单个疫病研究领域有较高造诣的专家；同时引进世界兽医名著10本，以借鉴世界同行的先进技术，弥补我国在某些领域的不足。

  本套出版工程得到国家出版基金的大力支持。相信这些专著的出版，将会有力地促进我国动物疫病防控水平的提升，推动我国兽医卫生事业的发展，并对兽医人才培养和兽医学科建设起到积极作用。

农业部副部长

前 言

猪链球菌病是一种常见的猪传染病，不仅给养猪业造成严重经济损失，也给公共卫生和食品安全带来威胁，危害人类健康，因此受到广泛关注。农业部和中国农业出版社决定出版《动物疫病防控出版工程》，《猪链球菌病》得以入选该专著系列。

2014年4月，由参与猪链球菌病研究及防控工作的7位同行，组成《猪链球菌病》编写组在南京农业大学开会，讨论并确定了编写大纲，并作分工。此后又多次邮件交流，及时发现和讨论编写过程中出现的问题。编写立足于行业高度和国际视野，面对我国猪链球菌病面临的形势和任务，紧密结合我国疫病防控实际，着眼长期规划。在强化猪链球菌病防控的同时，力求尽可能反映当前猪链球菌病研究新观点、新内容和新技术，力求本书具有较好的科学性、指导性和实用性。

本书分为6章：第一章介绍猪链球菌危害，收集、归纳、整理迄今国内外有关猪链球菌感染的报道，突出其公共卫生安全意义。第二章从基因与分子水平的角度，介绍猪链球菌病原特性、毒力因子与致病机理，突出新型毒力调控因子。第三章介绍猪链球菌流行特点与流行病学分析方法，并用案例解释流行病学调查。第四章介绍猪链球菌耐药性及耐药检测方法，探究其耐药机制。第五章从猪链球菌感染临床症状与病理变化角度，突出鉴别诊断，为临床诊断提供指导。第六章介绍猪链球菌的防控理念、疫苗种类、免疫接种及新型防治策略，同时通过示范猪场，为该病的防控提供指导。此外，本书还包括附录，内容主要涉及猪链球菌检测、分离鉴定等国家标准和规模化猪场猪链球菌病综合防控技术等。本书可供兽医工作者及高校与科研院所相关专业人员参考。

  由于编者水平有限，虽然尽力，错谬之处，仍难幸免，敬请同行不吝指正。

陆承平 吴宗福

目录

总序
前言

第一章 猪链球菌病概述 ································· 1

  第一节 猪链球菌病 ································· 2
    一、猪链球菌病 ································· 2
    二、病原学 ································· 5
    三、流行病学 ································· 6
    四、血清型 ································· 8
  第二节 危害 ································· 11
    一、猪群感染猪链球菌的情况 ································· 11
    二、人感染猪链球菌 ································· 14
    三、亚临床感染 ································· 18
  参考文献 ································· 21

第二章 病原学 ································· 27

  第一节 基因组 ································· 28
  第二节 毒力因子 ································· 31

一、细菌表面成分 …… 37
　　二、表面与分泌蛋白 …… 38
　　三、酶类毒力因子 …… 39
　　四、蛋白调控因子 …… 41
　　五、sRNAs 调控毒力 …… 42
　　六、展望 …… 43
　第三节　致病机理 …… 44
　　一、黏附与定殖 …… 44
　　二、血液存活和扩散 …… 46
　　三、炎性激活与败血性休克 …… 47
　　四、入侵中枢神经系统（CNS）与脑膜炎 …… 48
　第四节　动物模型 …… 50
　　一、小鼠 …… 50
　　二、仔猪 …… 51
　　三、小型猪 …… 51
　　四、斑马鱼 …… 52
　　五、其他动物模型 …… 53
　参考文献 …… 53

第三章　流行病学 …… 65

　第一节　流行特点概述 …… 66
　　一、流行病学特点 …… 66
　　二、猪链球菌在中国的流行情况 …… 68
　　三、其他国家的流行情况 …… 69
　第二节　流行病学分析方法 …… 72
　　一、流行病学调查设计 …… 72
　　二、猪链球菌鉴定 …… 73
　　三、血清型分析 …… 74
　　四、基因型分析 …… 76
　　五、风险分析 …… 81
　第三节　流行病学调查案例 …… 82

一、紧急流行病学调查 ………………………………………………… 82
　　二、流行状况的调查 …………………………………………………… 85
　　三、健康猪带菌情况调查 ……………………………………………… 85
　参考文献 …………………………………………………………………… 86

第四章　耐药性 …………………………………………………………… 95

　第一节　耐药性流行情况 ………………………………………………… 96
　　一、中国猪链球菌分离株对不同抗菌药的耐药情况 ………………… 97
　　二、其他国家猪链球菌分离株对不同抗菌药的耐药情况 …………… 97
　第二节　耐药机制研究进展 …………………………………………… 100
　　一、四环素类抗生素的耐药机制 …………………………………… 100
　　二、MLS 类抗生素的耐药机制 ……………………………………… 103
　　三、其他抗生素的耐药机制 ………………………………………… 108
　　四、滞留菌 …………………………………………………………… 109
　　五、生物被膜 ………………………………………………………… 110
　第三节　耐药基因的传播机制 ………………………………………… 111
　　一、可移动基因元件 ………………………………………………… 111
　　二、耐药基因生态学 ………………………………………………… 116
　第四节　细菌耐药性检测方法 ………………………………………… 119
　　一、耐药菌株检测 …………………………………………………… 119
　　二、耐药基因水平转移分析方法 …………………………………… 120
　参考文献 ………………………………………………………………… 121

第五章　临床症状与诊断 ……………………………………………… 131

　第一节　临床症状 ……………………………………………………… 132
　　一、猪感染猪链球菌的临床症状 …………………………………… 132
　　二、人感染猪链球菌的临床症状 …………………………………… 134
　第二节　病理变化 ……………………………………………………… 135
　　一、败血症型 ………………………………………………………… 135
　　二、脑膜炎型 ………………………………………………………… 136

三、关节炎型 ………………………………………………………… 136
　　四、心内膜炎型 ……………………………………………………… 137
　第三节　诊断 …………………………………………………………… 137
　　一、常规病原学诊断 ………………………………………………… 137
　　二、免疫学诊断 ……………………………………………………… 138
　　三、分子生物学诊断 ………………………………………………… 141
　　四、鉴别诊断 ………………………………………………………… 145
　参考文献 ………………………………………………………………… 148

第六章　预防与控制 ……………………………………………………… 153

　第一节　防控策略 ……………………………………………………… 154
　　一、动物疫病的综合防控策略 ……………………………………… 154
　　二、猪链球菌病的预防措施 ………………………………………… 156
　　三、猪链球菌病的治疗措施 ………………………………………… 157
　　四、人患猪链球菌病的防治对策 …………………………………… 161
　第二节　疫苗及免疫接种 ……………………………………………… 163
　　一、正确认识疫苗的作用 …………………………………………… 163
　　二、疫苗的种类 ……………………………………………………… 164
　　三、确保免疫效果的措施 …………………………………………… 168
　第三节　防控示范 ……………………………………………………… 169
　参考文献 ………………………………………………………………… 173

附录 ………………………………………………………………………… 177

　附录 1　世界动物卫生组织猪链球菌病参考实验室简介 …………… 178
　附录 2　GB/T 19915.4—2005 猪链球菌 2 型三重 PCR 检测方法 …… 179
　附录 3　GB/T 19915.3—2005 猪链球菌 2 型 PCR 定型检测技术 …… 183
　附录 4　GB/T 19915.5—2005 猪链球菌 2 型多重 PCR 检测方法 …… 188
　附录 5　GB/T 19915.2—2005 猪链球菌 2 型分离鉴定操作规程 …… 194
　附录 6　GB/T 19915.1—2005 猪链球菌 2 型平板和试管凝集
　　　　　试验操作规程 ……………………………………………… 202

附录 7　GB/T 19915.7—2005 猪链球菌 2 型荧光 PCR 检测方法 …………… 206
附录 8　NY/T 1981—2010 猪链球菌病监测技术规范 …………………… 214
附录 9　规模化猪场猪链球菌病综合防控技术 …………………………… 226

名词索引 ………………………………………………………………… 231

猪链球菌病 SWINE STREPTOCOCCOSIS

第一章

猪链球菌病概述

第一节 猪链球菌病

猪链球菌病（Swine streptococcosis）主要是由猪链球菌（*Streptococcus suis*，SS）感染引起的一种常见的猪传染病，除猪链球菌外，马链球菌兽疫亚种（*S. equi* ssp. *zooepidemicus*，SEZ）、马链球菌类马亚种（*S. equi* ssp. *equisimilis*）和兰氏（Lancefiled）分群中D、E、L群链球菌等也可致猪链球菌病。该病世界各国均有发生，危害严重，其临床症状主要表现为败血症、脑膜炎和关节炎等[1]。在我国20世纪七八十年代，猪群中发生的猪链球菌病，其病原主要是马链球菌兽疫亚种（当时称为兽疫链球菌）[2]。1998年和2005年我国江苏和四川暴发的两次猪链球菌感染疫情，其病原均为猪链球菌2型[3,4]。猪链球菌病不仅给养猪业造成严重经济损失，也给公共卫生和食品安全带来威胁，危害到人类健康，因此受到广泛关注。

一、猪链球菌病

（一）猪链球菌

猪链球菌是世界范围内引致猪链球菌病最主要的病原，根据细菌荚膜抗原的差异，最先分为35个血清型（1~34及1/2）及相当数量无法定型的菌株。鉴于32型及34型与其他型差异较大，Hill（2005）建议将二者划为一个新种，命名为鼠口腔链球菌（*S. orisratti*）[5]。现在公认的33个血清型（1~31、33及1/2）中，1、2、7、9型是猪的主要致病血清型，2型（SS2）

最为常见，也最为重要[1]。SS2可引起猪脑膜炎、败血症、脓肿等；也可感染人，引起脑膜炎、感染性休克，严重时可致人死亡[6, 7]。

1968年在丹麦首次报道了猪链球菌感染人的病例[8]，后在欧洲、北美洲、南美洲、大洋洲及亚洲等30多个国家和地区均有人感染SS2的报道[9, 10]（图1-1）。1998年在江苏和2005年在四川均暴发由SS2感染引致的猪链球菌病，导致猪群发病并死亡，分别引起25人感染14人死亡和215人感染38人死亡[4, 7, 11]。猪链球菌感染致成人脑膜炎在越南最常见[12, 13]；其次在泰国[14]；在中国香港是继肺炎链球菌（*S. pneumoniae*）、结核分支杆菌（*Mycobacterium*）后排位第三常见的细菌性脑膜炎病原[15-17]。在西方国家，人感染猪链球菌主要局限于与猪或猪肉产品直接接触的工人；而在东南亚及东亚国家，该菌也会感染普通人群，引起脑膜炎、败血症和腹膜炎等。

（二）马链球菌兽疫亚种

马链球菌兽疫亚种与马亚种和类马亚种同属于兰氏C群。根据菌体表面类M蛋白（M-like protein，SzP）抗原性差异，可进一步分为15个血清型。马链球菌兽疫亚种主要引起马、猪、牛、犬、猫等多种动物下呼吸道感染，并引致败血症、脑膜炎、关节炎、肺炎及突发性死亡等症状。偶有感染人的报道，引发人类脑膜炎和肾小球肾炎等，严重的甚至导致死亡。

马链球菌兽疫亚种引起的动物疫病呈世界性分布，但不同区域流行又有各自的特点。欧美等地该病多发生于马、奶牛、羊等动物，而我国主要是在猪群中流行。1975年，我国西南地区暴发马链球菌兽疫亚种（当时称为兽疫链球菌）引起的猪链球菌病，仅四川地区就死亡生猪30多万头，损失巨大。从此次流行分离的猪源株已被美国菌种保存中心收藏，命名为ATCC35246。1977年广西的51个县市又出现猪链球菌病的大流行，损失惨重，病原为马链球菌兽疫亚种。1993年在对我国19个省（直辖市、自治区）采集的126份致病性猪源链球菌进行分群鉴定时发

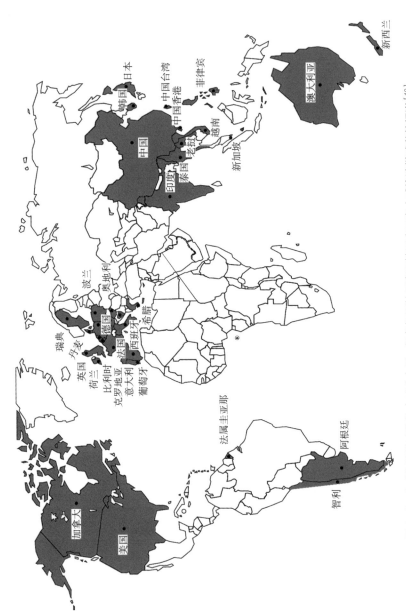

图1-1 人感染猪链球菌的全球分布图，红色标记的国家和地区表示有人感染猪链球菌的报道[10]

现，马链球菌兽疫亚种占其中的72.22%；1997—1999年从上海地区分离到的15株致病性猪源链球菌中4株为马链球菌兽疫亚种[18]。

马链球菌兽疫亚种可感染所有品系的猪，不论年龄，且流行无季节性，一般在夏秋炎热的季节易造成大规模流行，其余时间有零星发病。可引致猪败血症、关节炎、心内膜炎和流产等。

马链球菌兽疫亚种具有类M蛋白、金属结合蛋白、链激酶、IgG结合蛋白、纤连蛋白、透明质酸酶等毒力因子，在该菌感染、侵袭以及抵抗机体吞噬的过程中起着重要的作用。

二、病原学

（一）猪链球菌

猪链球菌为革兰阳性球菌，呈卵圆形、成双或以短链形式存在，菌体直径为1~2μm（图1-2A），需氧兼性厌氧。在5%绵羊血琼脂培养基上37℃培养24h，形成圆形、微凸、表面光滑、湿润、边缘整齐、灰白色、半透明、针尖大小的α溶血菌落；48h后有草绿色素沉淀，呈浅灰色或半透明，稍微带黏液样。在不同动物的血平板上，猪链球菌能产生不同类型溶血环，以α溶血为主（图1-2B）[19]，经Jasmin染色在菌体外可看到一层透明环状区域即为荚膜（图1-2C）[20]。部分菌株周围无溶血区带，但把菌落从血平板上移去，可见α或β溶血。在绵羊血琼脂平板上，SS2产生明显的α溶血，而在马血琼脂平板上则为β溶血。可发酵乳糖、菊糖、海藻糖、水杨苷、棉子糖，不发酵甘露糖、山梨醇。

猪链球菌常污染环境，在粪、灰尘及水中能存活较长时间。在水中60℃可存活10min、50℃为2h。在4℃的动物尸体中可存活6周。0℃时灰尘中的细菌可存活1个月，粪中则为3个月。25℃时在灰尘和粪中则只能存活24h及8d。该菌对热和普通消毒药抵抗力不强，60℃加热30min，可将之杀死，煮沸则立即死亡。常用的消毒药如2%石炭酸、0.1%新洁尔灭、

1%来苏儿、1%煤酚皂液等均可在3～5min将之杀死。日光直射2h死亡。对青霉素、磺胺类药物敏感。

（二）马链球菌兽疫亚种

马链球菌兽疫亚种为革兰阳性球菌，光学显微镜下菌体呈圆形或卵圆形，直径0.6～1.0μm，在病料中成对、短链或中等长度的链，液体状态下培养形成的链较长。在THB固体培养基上可形成黏液状的、光滑的菌落，初期呈圆形，生长一段时间菌落形态会变得不规则且菌落直径较大。在5%绵羊血平板上可形成很宽的溶血圈，表现为β溶血，主要由其自身产生的一种与链球菌溶血素O和S无关的可溶性溶血素所导致（图1-3）。在葡萄糖培养液中的最终pH范围是4.6～5.0，发酵乳糖、蔗糖和水杨苷可产酸，不能发酵木糖、阿拉伯糖、海藻糖、棉子糖或者菊糖。

三、流行病学

（一）传染源

病猪、病愈带菌猪、死猪是主要传染源，病猪与健康猪接触，或由病猪排泄物（尿、粪、唾液等）污染的饲料、饮水及动物均可引起猪只大批发病而造成流行。

（二）易感动物

除感染人和猪外，也可以感染牛、羊、马、犬、猫等哺乳动物及啮齿动物。不同年龄、不同性别的猪均可感染SS，但该病多发于4～12周龄猪群，尤其是断奶混群时出现发病高峰。

（三）传播途径

呼吸道为主要传播途径，也可以通过伤口、消化道等传播。妊娠母

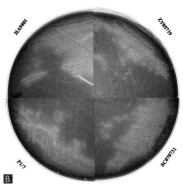
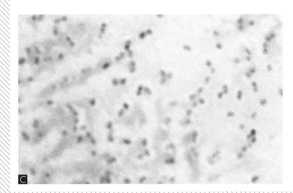

图 1-2 猪链球菌的形态特征
A. 猪链球菌革兰染色
B. 5% 绵羊血平板上的猪链球菌
C. 猪链球菌 2 型的菌体及其荚膜（Jasmin 染色法，顾宏伟摄）[20]

菌体呈球形链状排列（蓝色），其外有一层透明环形区域即为荚膜。

图 1-3 绵羊血平板上的马链球菌兽疫亚种

猪子宫和阴道中可带菌，因此其产下的仔猪出生后常发生感染。

（四）流行特点

没有明显的季节性，全年都有发生，但以4～10月发生较多，尤其是在我国，多见于炎热潮湿的季节。一般地方性或散发性流行。新疫区发病或该病流行的初期，临床上多表现为急性败血型和脑膜炎型，病势迅猛，病程短促，病死率高；老疫区发病或流行后期多表现为关节炎型或淋巴结脓肿型，病势缓和、病程较长、传播较慢、发病率和死亡率均较低。

发病情况与诸多因素有关，如拥挤、通风不良、气候骤变、混群、免疫接种等应激因素均可激发该病的发生与流行；卫生条件差及存在并发感染均会导致发病率升高；支气管炎波氏杆菌、伪狂犬病毒、猪繁殖与呼吸综合征病毒等常和SS2并发感染。

四、血清型

细菌荚膜多糖（Capsular polysaccharide，CPS）的分子组成和构型的多样化使其结构非常复杂，是血清学分型的基础。根据荚膜抗原差异，猪链球菌最先分为35个血清型（1～34及1/2）及相当数量无法定型的菌株。35个型的参考株绝大多数来源于病猪，但14型为人源分离株，17、18、19和21型分离自临床健康猪，20和31型分离自病犊牛，33型分离自病羔羊[21]。最近，潘子豪等从脑膜炎的猪脑中分离一株猪链球菌，经鉴定，不属于任何已知的血清型，是35个型之外的一个新型[22]。

研究发现，猪链球菌中存在高水平的遗传多样性，32和34型中的16S rRNA和*cpn60*基因序列与其他型的差异较大，因此，Hill提议将二者划为新种，命名为鼠口腔链球菌（*S. orisratti*）[5]。又有学者基于DNA杂交试验和看家基因SodA和RecN的序列分析，提出20、22、26和33型等4个血清型的参考株与猪链球菌其他血清型参考株的序列差异较大，应该属于新种链球菌[21]，20、22和26型菌株之间SodA和RecN的序列同源性极高（98.4%~99.8%），应属于同一个新种[21]，而33型菌株与它们之间SodA和RecN的序列同源性较低（74%~81.8%），属于另外一个新种[21]。鉴于上述研究结果，Nomoto提议将20、22和26型划分为副猪链球菌（*Streptococcus parasuis* sp. nov.）[23]。因此，如何定义一个血清型是属于猪链球菌，还是链球菌的一个新种，需要时间确认。

猪链球菌血清型众多，并具有种和型特异性，因此有必要了解荚膜多糖的精细结构。有学者测定了猪链球菌荚膜多糖的组成，SS2的CPS由葡萄糖（Glc）、半乳糖（Gal）、N-乙酰葡糖胺（GlcNAc）和鼠李糖（Rha）组成一个独特的重复单元，包含一个以α-2,6-糖苷键链接的唾液酸（Neu5Ac）为末端的侧链，其单糖组成为1Glc∶3Gal∶1GlcNAc∶1Rha∶1Neu5Ac[24]；14型的CPS单糖组成为1Glc∶3Gal∶1GlcNAc∶1Neu5Ac[25]；1型的CPS单糖组成为1Glc∶2Gal∶1GlcNAc∶1GalNAc∶1Neu5Ac，但具体的链接方式和荚膜多糖重复单元的精确结构仍不清楚[26]。CPS合成操纵子序列分析结果显示在1、1/2、2、6、13、14、16和27型的CPS中含有唾液酸[27,28]。目前除了2型和14型外，其他血清型的CPS的化学组成和结构仍不清楚。

（一）血清型鉴定

猪链球菌感染诊断的一个最重要特征就是血清学分型，以抗原与抗体的特异性结合反应为基础，具有较高的敏感性和特异性。通常利用参考株的抗血清进行凝集试验（玻片凝集、试管凝集、协同凝集试验）、毛细管沉淀试验或Neufeld's荚膜反应[29]。协同凝集试验是使用最为广泛的一种方法，首先将猪链球菌参考株抗血清与葡萄球菌A蛋白（SPA）结合，以此作为抗体与试验分离株做玻片凝集试验，特异性与常规方法相同，敏感性和检出率高于常规方法。北美的很多实验室都利用凝集试验对猪链球菌分离株进行血清型鉴定。

猪链球菌的分子血清型分型还可以通过PCR或者多重PCR扩增血清

型特异的CPS基因。Liu等报道检测33个血清型的4个多重PCR方法，不包含鼠口腔链球菌（32型和34型），与一个型以上的血清反应的菌株可以用该方法进行确认[30]。Okura等报道了一种可以检测35个血清型菌株的两步多重PCR方法，可精确地对绝大多数血清型参考株和各种不同血清型的分离株进行分型[31]。此外，还能够鉴定无法定型菌株的CPS合成相关基因簇的基因型。

过去，一些猪链球菌2型感染人的病例确诊，是利用多项生化系统进行快速诊断。虽然有很多试剂盒标明基于糖发酵试验可以区分1型和2型菌株，然而，目前尚无证据表明，某一个特定的血清型菌株及其生化特性之间具有相关性[32,33]。

（二）未定型菌株

一些猪链球菌分离株与35个血清型中任何一个型的抗血清都不能发生凝集反应，因此称为未定型菌株[34]。未定型的猪链球菌菌株可能是属于新的荚膜血清型，也可能是非荚膜菌株，即不能使用基于CPS标准血清型抗原的血清学方法来分型的菌株。

无法用35个参考株抗血清定型的菌株，其中89%表现出很强的表面疏水性，推测其原因可能是细菌表面荚膜稀少或者无荚膜，透射电镜为此提供了证据[35,36]。利用针对35个血清型的多重PCR分析无荚膜菌株，发现超过40%的菌株属于已知血清型菌株[31]。目前很难确定未定型菌株在致病过程中就是无荚膜的，还是在分离培养过程中造成了荚膜的丢失。据报道，在日本，分离自心内膜炎病例的1/2或2型菌株34%是无荚膜的，其原因在于CPS基因簇中有基因的缺失或插入[37]。因此，尽管CPS是猪链球菌的一个重要毒力因子，但是，在导致感染性心内膜炎病程中，荚膜的缺失似对猪链球菌有益。事实上，无荚膜的菌株不仅对哺乳动物细胞有较高的黏附性，而且具备形成生物被膜的能力[36]。既然未定型菌株的分离部位与那些重要血清型菌株的分离部位（脑膜/脑、关节、心脏、肺）相似，那么它们的潜在致病能力就不容忽视。

第二节 危害

猪链球菌是引起猪链球菌病的主要病原，也常作为猪瘟、猪繁殖与呼吸综合征、猪圆环病毒感染、猪传染性胸膜肺炎等病的并发或继发病原，严重危害我国乃至世界养猪业的发展。同时，猪链球菌也能感染人，导致人发病或死亡。猪链球菌不仅对养猪业造成重大经济损失，也给公共卫生和食品安全带来严重威胁，引起全世界的关注。近年来，猪链球菌的研究报道日见增多，本节就猪链球菌病带来的严重危害进行概述。

一、猪群感染猪链球菌的情况

（一）中国猪链球菌感染情况

1998年江苏暴发了由猪链球菌2型引起的急性败血型猪链球菌病，造成数万头生猪发病死亡；2005年四川再次暴发猪链球菌2型疫情，引起大批生猪死亡。这两次猪链球菌病的暴发均导致了与病猪接触人群的发病和死亡。

在我国香港，猪链球菌是引起人细菌性脑膜炎的第三大病原，1983—2001年有47例，2003—2005年有21例[17]，但是，完全没有猪群感染猪链球菌的流行病学数据，除了2份农贸市场猪肉摊中猪链球菌的流行报告[16, 32]。

近年来，在我国大范围检出猪链球菌，四川[38]、重庆[39]、广东[40]、广西[41]、江苏[42]、安徽[43]、浙江[44]、上海[45]等各地陆续出现了该菌感染或发病的报道。2005年上海从发病猪体内首次分离到猪链球菌7型和9型[45]。金梅林课题组对2003—2007年中国16个省的猪链球菌病进行了系统的流行病学调查研究，从发病猪中分离到407株猪链球菌，22株未能定型，确定血清型的385株中，2型占43.2%，3型占14.7%，其次为4、8、5、7和1、2型（3.2%～6.4%），2型和系统感染显著相关，3型和肺炎型病例显著相关[46]。余炜烈等对2006年5～10月广东省猪群中猪链球菌的流行状况进行了调查，从肉联厂采集屠宰猪扁桃体401份，分离到猪链球菌53株，分离率为13.2%，其中25株2型菌、3株9型菌、1株7型菌和24株未定型菌株[47]。王淑杰等对黑龙江、吉林和辽宁各猪场猪链球菌的感染状况进行了调查，结果从23个健康猪场的样品中分离到155株猪链球菌，2型占25.2%，未定型菌株占60.6%；发病猪中分离到12株猪链球菌，10株2型，1株7型，1株9型[48]。何海健等从浙江16个猪场关节肿胀的病料中分离细菌，发现猪链球菌2型的分离率最高，达56.3%，其次为猪链球菌7型[44]。这些研究数据表明，在猪群中猪链球菌的感染比较普遍，呈多个血清型并存，几个血清型混合感染及地域性流行。

（二）亚洲其他国家猪链球菌感染情况

在亚洲，人感染猪链球菌的病例绝大多数都已经报道，而报告猪感染链球菌的病例则较少，只占全球所报道猪链球菌病例总数的14.3%（659/4 612）[49]，且主要来自中国和韩国[46, 50-52]。在猪群中，主要的流行血清型依次是2、3、4、7和8型。在韩国，3型和4型是优势血清型，然后才是2型，仅占8.3%[52]。泰国和越南是亚洲地区人感染猪链球菌疫情最严重的两个国家，到2013年12月止，分别有553和574例人感染猪链球菌的病例。然而，猪群感染猪链球菌的报道很少，仅有4篇兽医学研究报道了健康猪和屠宰猪中猪链球菌的携带情况[53-56]。日本也是相似的情况，从1994年到2009年有10例人感染猪链球菌的报道。事实上，日本最近的流行病学研究数据也要追溯到20多年前（1987—1991），从发病猪分离的猪链球菌主要为2型，其次是7型、1/2型和3型，并发现20例牛感染猪链球菌的病例[57]。新加坡、菲律宾、老挝和柬埔寨，过去10年有人感染猪链球菌的病例，但是缺乏猪感染猪链球菌的研究数据。

（三）美洲猪链球菌感染情况

全世界近70%的临床分离株来自北美洲。而北美公布的数据有97%来自加拿大和美国，最主要的流行血清型是2型，其次是3型[34,35]，分离率分别为24.3%和21.0%，接下来是1/2、8和7型。

在南美洲，2型是最主要的流行血清型，其他依次1/2、14、7和9型[58]。有意思的是，除巴西以外的南美其他国家，没有猪群感染猪链球菌的报道，但是有人感染猪链球菌的病例报道[59-61]。此外，到目前为止，巴西尚未有人感染猪链球菌的报道。

（四）欧洲猪链球菌感染情况

在欧洲，养猪业发达的国家如丹麦、比利时、法国、德国、意大利、荷兰和英国等，2001—2013年都没有从病猪中分离到猪链球菌的报道。距今最近的一次报告是关于1990—2000年间猪链球菌株的分离情况[62,63]。2000年之前，在意大利、法国和西班牙，2型是最常见的血清型；荷兰、德国和比利时[63]，9型菌株的分离率最高。西班牙是唯一一个有猪链球菌流行病学最新数据的欧洲国家，最流行的血清型是9型，其次是2型、7型、8型和3型[64,65]。在2000年以前，许多欧洲国家也流行该血清型，但是，到目前为止，还没有人感染猪链球菌9型的相关报道。2002年以前的相关研究中，在比利时和英国，1型是流行血清型[55]，但是现在流行的情况并不清楚。在丹麦，过去12年里，仅有7型的相关研究，最近一次血清学研究是关于1995—1996年猪链球菌分离株的定型[62,66]。

总的来说，2001—2013年从病猪中分离到超过4 500株用血清学方法确定的猪链球菌菌株（表1-1）[49]。流行的主要血清型依次是2、3、9、1/2和7型，15.8%的未定型菌株，且血清型的分布具有明显的地域特性。

表1-1 世界各国猪感染猪链球菌的临床分离株的分布情况[49]

国家（地区）	病例数	优势血清型		
全球	4 612	2（24.7%）	3（15.3%）	9（9.1%）
北美洲	3 162（68.6%）	2（24.3%）	3（21.0%）	1/2（13.0%）
加拿大	3 065	2	3	1/2
美国	97	3	2	7
南美洲	125（2.7%）	2（57.6%）	1/2（9.6%）	14（8.8%）
巴西	125	2	1/2	14
亚洲	659（14.3%）	2（44.2%）	3（12.4%）	4（5.6%）
中国大陆	639	2	3	4
韩国	20	3	5	2
欧洲	666（14.4%）	9（57.1%）	2（17.0%）	7（5.8%）
西班牙	666	9	2	7

二、人感染猪链球菌

到2013年12月31日为止，全世界总共有1 642例人感染猪链球菌的病例，遍及亚洲、欧洲、美洲、大洋洲等（表1-2）[49]。2型菌株分离率最高，达74.7%，其次是14型，分离率为2.0%，其余分别是4型[67]、5型[14]、16型[68]、21型[61]和24型[14]。自2011年以来，在哥伦比亚、智利、法属圭亚那、波兰和韩国等地首次发现人感染猪链球菌的病例。2015年报道了泰国人感染猪链球菌9型的病例。

表1-2　各国或地区人感染猪链球菌病发病情况[49]

国家（地区）	报道的病例数	确定的血清型			未确定血清型
		2型	14型	其他	
全球	1 642	1 227 （74.7%）	33 （2.0%）	5 （0.3%）	377 （23.0%）
北美洲	8 （0.5%）	7 （87.5%）	1 （12.5%）	0	0
加拿大	5	4	1	—	—
美国	3	3	—	—	—
南美洲	9 （0.5%）	2 （22.2%）	0	1 （11.1%）	6 （66.7%）
阿根廷	4	1	—	1	2
智利	4	—	—	—	4
法属圭亚那	1	1	—	—	—
亚洲	1 481 （90.2%）	1 133 （76.5%）	29 （2.0%）	3 （0.2%）	316 （21.3%）
柬埔寨	13	13	—	—	—
中国大陆	245	245	—	—	—
中国香港	69	53	—	—	16
中国台湾	7	2	2	—	3
日本	11	10	—	—	1
老挝	1	—	—	—	1
菲律宾	1	—	—	—	1
新加坡	3	—	—	—	3
韩国	4	—	—	—	4
泰国	553	292	21	2	238
越南	574	518	6	1	49

（续）

国家（地区）	报道的病例数	确定的血清型			未确定血清型
		2 型	14 型	其他	
欧洲	140 （8.5%）	84 （60.0%）	3 （2.1%）	1 （0.7%）	52 （37.1%）
奥地利	1	—	—	—	1
比利时	4	3	—	—	1
克罗地亚	2	—	—	—	2
丹麦	8	6	1	—	1
法国	19	8	—	—	11
德国	9	8	—	—	1
希腊	2	—	—	—	2
爱尔兰	1	—	—	—	1
意大利	3	2	—	—	1
荷兰	51	39	1	1	10
波兰	1	—	—	—	1
葡萄牙	1	—	—	—	1
塞尔维亚	5	—	—	—	5
西班牙	13	4	—	—	9
瑞典	1	1	—	—	—
英国	19	13	1	—	5
大洋洲	4 （0.2%）	1 （25.0%）	0	0	3 （75.0%）
澳大利亚	3	—	—	—	3
新西兰	1	1	—	—	—

人感染猪链球菌的病例绝大多数（90%）发生在亚洲，特别是越南、泰国和中国，占全世界人感染猪链球菌病例的83.6%。在中国，人感染猪链球菌主要有两次大暴发，第一次是1998年的江苏，25人感染，

14人死亡；第二次是2005年的四川，有215人感染，38人死亡，是迄今为止最大规模的人感染猪链球菌2型疫情。两次疫情的主要特点为：全身系统性疾病症状较多、脑膜炎较少和死亡率高。病人出现败血症、脑膜炎或中毒休克综合征的症状，突然高热、腹泻、低血压、瘀点和瘀斑、清晰的红斑皮疹以及多器官功能障碍，如急性呼吸窘迫综合征，肝脏和心脏衰竭，弥散性血管内凝血和急性肾功能衰竭。人感染猪链球菌的病例以2型和14型居多。除2型外，3、9和1/2型也是猪群中主要的流行血清型。2型和14型感染后出现的各种临床症状比例相似，脑膜炎占50%~70%，败血症占20%~25%（表1-3）[49]。感染性休克定义为一个类别，包括菌血症、脓毒症、败血症、中毒休克综合征，而脑膜炎包括所有与脑相关的症状。而2型感染后出现其他临床症状，如心内膜炎、关节炎、肺炎、腹膜炎、肺水肿和心肌炎等的比例仅占2.9%。4型和21型感染后多表现脑膜炎症状，5型和16型多表现为腹膜炎症状，24型菌株则分离自脓血症的病人。

表1-3 猪链球菌感染病人的临床症状[49]

确定的血清型	病例数	临床症状			
		脑膜炎	感染休克[1]	其他[2]	未知[3]
2	867	590（68.1%）	233（26.8%）	25（2.9%）	19（2.2%）
14	28	14（50.0%）	6（21.4%）		8（28.6%）
4	1	1			
5	1			1	
16	1			1	
21	1	1			
24	1		1		

① 感染性休克包括菌血症、脓毒症、败血症、中毒休克综合征。
② 其他临床症状包括心内膜炎、关节炎、肺炎、腹膜炎、肺水肿和心肌炎等。
③ 临床症状不特异或者不能与特定血清型相关。

三、亚临床感染

猪链球菌是猪的正常微生物菌落的一部分，许多研究表明健康猪只携带猪链球菌，但是这些菌株的血清型不同于临床分离株，2型菌株甚少[69-71]。有学者认为，猪链球菌作为共生菌带给与猪或猪肉制品直接接触的人类的感染风险是很低的[12]；即便有接触感染，也是发生在患有免疫缺陷症的病人身上[14,68]，最可能的原因是那些动物并不是"健康携带者"，而是扁桃体内携带强毒株的耐过康复期动物。

亚临床症状健康猪扁桃体中携带猪链球菌，但是，没有人群中该菌携带情况的相关信息。到目前为止，仅有少数的研究通过抗体或者病原的检测调查了猪链球菌亚临床感染人的情况（表1-4）[49]。研究表明，在新西兰，养猪农户、奶牛农场主（多数在奶牛农场内饲养猪）和肉品检查员的猪链球菌2型抗体阳性率分别为21%、9%和10%[72]。抗体的滴度与被检测人员的职业相关，长期接触猪群或者猪肉的养猪农户和肉品检测者抗体滴度较高。在美国，也有相似的研究报告，有10%的接触猪的从业者为2型抗体阳性[73]。研究发现，长期接触猪群的工作人员或者在猪场住过10年以上的受试者的血清抗体效价较高，同时，从事猪群保育和管理工作的受试者血清抗体效价是未接触猪群受试者的8.8倍。在荷兰，兽医与生猪饲养者的猪链球菌2型抗体阳性率分别为6%和1%[74]。这3份研究报告说明，人群中猪链球菌抗体的产生的可能原因是长期接触带菌动物，或是猪链球菌感染的亚临床症状的动物及相关产品。然而，值得注意的是，猪链球菌抗体的存在并不能确定阳性个体一定是带菌状态。

此外，研究者关注生猪从业人员的上呼吸道带菌情况，采集咽拭子和扁桃体拭子进行猪链球菌菌株的分离（表1-4）。在意大利，从10个屠宰工人的扁桃体拭子中发现了2份猪链球菌2型阳性样品。在墨西哥，采集了69份屠宰厂工人的扁桃体拭子，分离到1株2型菌，1株27型菌，2株

表 1-4　风险人群中猪链球菌的携带情况[49]

试验研究	使用技术/目标	危险人群	阳性携带者或接触者（阳性样本/测试样本）	发现的血清型
血清学方法				
新西兰，1989	间接 ELISA/SS2 全菌	猪场主	15/70（21.4%）	
		肉品检查员	11/107（10.3%）	
		奶牛农场主	9/96（9.4%）	
荷兰，1999	Western Blot/SS2 MRP/EF	兽医	MRP: 6/100（6.0%） EF: 2/100（2.0%）	
		猪场主	MRP: 2/190（1.1%） EF: 1/190（0.5%）	
美国，2008	间接 ELISA/SS2 全菌	猪场从业者	7/73（9.6%）	
上呼吸道定殖（分离株）				
意大利，1989	扁桃体拭子	屠宰工	2/10（20%）	2
墨西哥，2001	扁桃体拭子	屠宰工	4/69（5.8%）	2, 27, 未检测
德国，2002	咽拭子	屠宰工和肉类加工工人	7/132（5.3%）	2

未定型菌。利用小鼠模型评价了4株分离菌株的毒力，3株为中等毒力（30%~80%的死亡率），1株未定型菌株为高毒力（70%~90%的死亡率）。研究者对德国的肉类从业者（屠宰厂工人和肉类加工工人）的扁桃体拭子进行菌株分离，结果发现，7个肉类从业者携带2型菌株，3周后，仍有4人的测试结果为阳性，说明猪链球菌也能够在人的扁桃体中长时间的存在，与猪群中的携带情况类似。研究发现猪链球菌阳性的工作者其从业年限3~21年不等，平均为9.9年。鼻咽携带猪链球菌的阳性带菌者

是生猪及其猪肉制品从业者,与猪零接触的人群为阴性。特别值得注意的是,在这3份研究中,从健康工人中分离13株猪链球菌,84.6%为2型菌株。

猪链球菌的人畜共感染的潜力取决于人群与生猪及其副产品的长期接触。与猪链球菌接触可能会造成亚临床感染,诱导抗体的产生,引起其他严重的疾病;也可能出现轻微的和暂时的非典型定殖在呼吸道黏膜。在英国,屠宰工患病的概率更高。香港直接接触生猪的职业团体人员的患病比率为32/100 000,比普通人群高350倍,比荷兰同行高30倍[15]。此外,在中国香港和荷兰,职业团体与普通人群患病的比例存在强烈显著差异,350倍和1 500倍。其最可能的原因是亚洲人与生猪肉接触的机会更多,越南消费者喜欢从潮湿的市场购买生鲜猪肉,食用新鲜的或者未烹饪的猪血、扁桃体、舌头、胃、小肠和子宫等,是造成猪链球菌感染的最重要的风险因素。同样的,2010年泰国普通人群猪链球菌感染的比例也高达6.2/100 000,与食用生猪产品有关[75]。

总的来说,猪链球菌2型是全世界范围内致病力最强、分离率最高、流行范围最广的血清型。在1998年江苏和2005年四川猪链球菌病暴发,造成大量生猪发病和死亡,且导致相关从业人员感染和死亡,因此,猪链球菌不再只是一种重要的猪病原菌,更是重要的人畜共患病原菌。目前,关于定义一个"真实"的猪链球菌血清型,以及采纳和使用一个完整的PCR血清型系统,取得了很大进展,但仍然需要继续不断研究。研究的目标是,建立一个可以在世界上任何实验室进行的全新完整的PCR分子血清型分型系统,而不再需要特异的抗血清,能够大大加快猪链球菌的诊断。在养猪业发达的国家,诊断实验室更应该加强猪链球菌作为人畜共患病原菌的意识,因为从事屠宰或其他与猪肉打交道的人易感染该菌,尤其在发生过猪链球菌疫情的国家。因此,对人群和猪群中猪链球菌流行动态的长期监测是一项不容忽视的长期任务。

参考文献

[1] Staats J J, Feder I, Okwumabua O, et al. *Streptococcus suis*: past and present[J]. Veterinary research communications, 1997, 21(6): 381−407.

[2] 陆承平, 姚火春, 陈国强. 猪链球菌1998分离株病原特性鉴定[J]. 南京农业大学学报, 1999, 22(2): 67−70.

[3] Gottschalk M, Segura M, Xu J. *Streptococcus suis* infections in humans: the Chinese experience and the situation in North America[J]. Animal health research reviews / Conference of Research Workers in Animal Diseases, 2007, 8(1): 29−45.

[4] Yu H, Jing H, Chen Z, et al. Human *Streptococcus suis* outbreak, Sichuan, China[J]. Emerging infectious diseases, 2006, 12(6): 914−920.

[5] Hill J E, Gottschalk M, Brousseau R, et al. Biochemical analysis, cpn60 and 16S rDNA sequence data indicate that *Streptococcus suis* serotypes 32 and 34, isolated from pigs, are *Streptococcus orisratti*. Veterinary microbiology, 2005, 107(1−2): 63−69.

[6] Gottschalk M, Xu J, Calzas C, et al. *Streptococcus suis*: a new emerging or an old neglected zoonotic pathogen?[J] Future microbiology, 2010, 5(3): 371−391.

[7] Wertheim H F, Nghia H D, Taylor W, et al. *Streptococcus suis*: an emerging human pathogen[J]. Clinical infectious diseases : an official publication of the Infectious Diseases Society of America, 2009, 48(5): 617−625.

[8] Perch B, Kristjansen P, Skadhauge K. Group R streptococci pathogenic for man. Two cases of meningitis and one fatal case of sepsis[J]. Acta pathologica et microbiologica Scandinavica, 1968, 74(1): 69−76.

[9] Fittipaldi N, Segura M, Grenier D, et al. Virulence factors involved in the pathogenesis of the infection caused by the swine pathogen and zoonotic agent *Streptococcus suis*[J]. Future microbiology, 2012, 7(2): 259−279.

[10] Feng Y, Zhang H, Wu Z, et al. *Streptococcus suis* infection: an emerging/reemerging challenge of bacterial infectious diseases[J]. Virulence, 2014, 5(4): 477−497.

[11] Tang J, Wang C, Feng Y, et al. Streptococcal toxic shock syndrome caused by *Streptococcus suis* serotype 2[J]. PLoS medicine, 2006, 3(5): 151.

[12] Nghia H D, Tu le T P, Wolbers M, et al. Risk factors of *Streptococcus suis* infection in Vietnam. A case-control study[J]. PloS ONE, 2011, 6(3): 17604.

[13] Wertheim H F, Nguyen H N, Taylor W, et al. *Streptococcus suis*, an important cause of adult bacterial meningitis in northern Vietnam[J]. PloS one, 2009, 4(6): 5973.

[14] Kerdsin A, Dejsirilert S, Sawanpanyalert P, et al. Sepsis and spontaneous bacterial peritonitis in Thailand[J]. Lancet, 2011, 378(9794): 960.

[15] Ma E, Chung P H, So T, et al. *Streptococcus suis* infection in Hong Kong: an emerging infectious disease[J]. Epidemiology and infection, 2008, 136(12): 1691–1697.

[16] Ip M, Fung K S, Chi F, et al. *Streptococcus suis* in Hong Kong[J]. Diagnostic microbiology and infectious disease, 2007, 57(1): 15–20.

[17] Hui A C, Ng K C, Tong P Y, et al. Bacterial meningitis in Hong Kong: 10-years' experience[J]. Clinical neurology and neurosurgery, 2005, 107(5): 366–370.

[18] 刘佩红，沈素芳，王永康，等.上海地区猪源链球菌分离株的病原特性鉴定[J]. 中国兽医学报，2001, 21(1): 42–46.

[19] Wu Z, Wang W, Tang M, et al. Comparative genomic analysis shows that *Streptococcus suis* meningitis isolate SC070731 contains a unique 105K genomic island[J]. Gene, 2014, 535(2): 156–164.

[20] 陆承平.猪链球菌病与猪链球菌2型[J]. 科技导报，2005, 23(9): 9–10.

[21] Tien le H T, Nishibori T, Nishitani Y, et al. Reappraisal of the taxonomy of *Streptococcus suis* serotypes 20, 22, 26, and 33 based on DNA-DNA homology and sodA and recN phylogenies[J]. Veterinary microbiology, 2013, 162(2–4): 842–849.

[22] Pan Z, Ma J, Dong W, et al. Novel Variant Serotype of *Streptococcus suis* Isolated from Piglets with Meningitis[J]. Applied and environmental microbiology, 2015, 81(3): 976–985.

[23] Nomoto R, Maruyama F, Ishida S, et al. Reappraisal of the taxonomy of *Streptococcus suis* serotypes 20, 22 and 26: *Streptococcus parasuis* sp. nov[J]. International journal of systematic and evolutionary microbiology, 2015, 65(Pt 2): 438–443.

[24] Van Calsteren M R, Gagnon F, Lacouture S, et al. Structure determination of *Streptococcus suis* serotype 2 capsular polysaccharide[J]. Biochemistry and cell biology, 2010, 88(3): 513–525.

[25] Van Calsteren M R, Gagnon F, Calzas C, et al. Structure determination of *Streptococcus suis* serotype 14 capsular polysaccharide[J]. Biochemistry and cell biology, 2013, 91(2): 49–58.

[26] Elliott S D, Tai J Y. The type-specific polysaccharides of *Streptococcus suis*[J]. The Journal of experimental medicine, 1978, 148(6): 1699–1704.

[27] Smith H E, de Vries R, van't Slot R, et al. The cps locus of *Streptococcus suis* serotype 2: genetic determinant for the synthesis of sialic acid[J]. Microbial pathogenesis, 2000, 29(2): 127–134.

[28] Wang K, Fan W, Wisselink H, et al. The cps locus of *Streptococcus suis* serotype 16: development of a serotype-specific PCR assay[J]. Veterinary microbiology, 2011, 153(3–4): 403–406.

[29] Gottschalk M, Petitbois S, Higgins R, et al. Adherence of *Streptococcus suis* capsular type 2 to

porcine lung sections[J]. Canadian journal of veterinary research, 1991, 55(3): 302−304.

[30] Liu Z, Zheng H, Gottschalk M, et al. Development of multiplex PCR assays for the identification of the 33 serotypes of *Streptococcus suis*[J]. PloS ONE, 2013, 8(8): 72070.

[31] Okura M, Lachance C, Osaki M, et al. Development of a two-step multiplex PCR assay for typing of capsular polysaccharide synthesis gene clusters of *Streptococcus suis*[J]. Journal of chinical microbiology, 2014, 52(5): 1714−1719.

[32] Prieto C, Garcia F J, Suarez P, et al. Biochemical traits and antimicrobial susceptibility of *Streptococcus suis* isolated from slaughtered pigs[J]. Zentralblatt fur Veterinarmedizin Reihe B Journal of veterinary medicine, 1994, 41(9): 608−617.

[33] Higgins R, Gottschalk M. An update on *Streptococcus suis* identification[J]. Journal of veterinary diagnostic investigation, 1990, 2(3): 249−252.

[34] Messier S, Lacouture S, Gottschalk M. Groupe de Recherche sur les Maladies Infectieuses du Porc, Centre de Recherche en Infectiologie Porcine: Distribution of *Streptococcus suis* capsular types from 2001 to 2007[J]. Canadian journal of veterinary research Vet J, 2008, 49(5): 461−462.

[35] Gottschalk M, Lacouture S, Bonifait L, et al. Characterization of *Streptococcus suis* isolates recovered between 2008 and 2011 from diseased pigs in Quebec, Canada[J]. Veterinary microbiology, 2013, 162(2−4): 819−825.

[36] Bonifait L, Gottschalk M, Grenier D. Cell surface characteristics of nontypeable isolates of *Streptococcus suis*[J]. FEMS microbiology letters, 2010, 311(2): 160−166.

[37] Lakkitjaroen N, Takamatsu D, Okura M, et al. Loss of capsule among *Streptococcus suis* isolates from porcine endocarditis and its biological significance[J]. Journal of medical microbiology, 2011, 60(Pt 11): 1669−1676.

[38] 罗隆泽, 王鑫, 崔志刚, 等. 四川资阳地区健康猪 2 型猪链球菌分离与分子生物学特征分析 [J]. 中国人兽共患病学报, 2009, 25(9): 842−845.

[39] 王楷宬, 熊忠良, 尚延明, 等. 重庆地区表观健康猪的猪链球菌的检测 [J]. 畜牧兽医学报, 2010, 41(5): 594−599.

[40] 李春玲, 余炜烈, 贾爱卿, 等. 应用多重 PCR 检测屠宰猪扁桃体中的猪链球菌 [J]. 中国预防兽医学报, 2008, 30(5): 343−348.

[41] 熊毅, 覃芳芸, 白昀, 等. 广西猪链球菌 2 型的分离及 PCR 鉴定 [J]. 广西农业科学, 2006, 37(4): 449−451.

[42] 吕立新, 何孔旺, 倪艳秀, 等. 从正常屠宰猪扁桃体中分离到致病性猪链球菌 2 型 [J]. 中国人兽共患病学报, 2008, 24(4): 379−383.

[43] 江定丰, 曹晋蓉, 詹松鹤, 等. 猪链球菌 2 型安徽株的分离鉴定与药物敏感试验 [J]. 畜

牧与兽医, 2007, 39 (6): 48-50.

[44] 何海健, 刘晓东, 马涛, 等. 猪关节内细菌的分离鉴定及生物特性分析 [J]. 中国兽医杂志, 2014, 50(10): 16-17.

[45] Zhao R, Sun J H, Lu C P. Distributional Characteristics of Virulence-associated Gene of *Streptococcus suis* Strains Isolated from China. Journal of Shanghai Jiaotong University (Agricultural Science), 2006, 24(6): 496-498.

[46] Wei Z, Li R, Zhang A, et al. Characterization of *Streptococcus suis* isolates from the diseased pigs in China between 2003 and 2007[J]. Veterinary microbiology, 2009, 137(1-2): 196-201.

[47] 余炜烈. 华南地区屠宰猪群中猪链球菌的流行病学调查及地方株的特性研究 [D]. 南京: 南京农业大学硕士论文, 2007.

[48] 王淑杰. 东北三省猪场 S. suis 感染状况调查及 S.suis7 比较蛋白组学研究 [D]. 哈尔滨: 东北农业大学博士论文, 2013.

[49] Goyette-Desjardins G, Auger J P, Xu J G, et al. *Streptococcus suis*, an important pig pathogen and emerging zoonotic agent—an update on the worldwide distribution based on serotyping and sequence typing[J]. Emerging microbes and infections, 2014, 3: 45.

[50] Li L L, Liao X P, Sun J, et al. Antimicrobial resistance, serotypes, and virulence factors of *Streptococcus suis* isolates from diseased pigs[J]. Foodborne pathogens and disease, 2012, 9(7): 583-588.

[51] Chen L, Song Y, Wei Z, et al. Antimicrobial susceptibility, tetracycline and erythromycin resistance genes, and multilocus sequence typing of *Streptococcus suis* isolates from diseased pigs in China[J]. Journal of veterinary medical science, 2013, 75(5): 583-587.

[52] Kim D, Han K, Oh Y, et al. Distribution of capsular serotypes and virulence markers of *Streptococcus suis* isolated from pigs with polyserositis in Korea[J]. Canadian journal of veterinary research, 2010, 74(4): 314-316.

[53] Ngo T H, Tran T B, Tran T T, et al. Slaughterhouse pigs are a major reservoir of *Streptococcus suis* serotype 2 capable of causing human infection in southern Vietnam[J]. PLoS ONE, 2011, 6(3): e17943.

[54] Kerdsin A, Dejsirilert S, Akeda Y, et al. Fifteen *Streptococcus suis* serotypes identified by multiplex PCR[J]. Journal of medical microbiology, 2012, 61(Pt 12): 1669-1672.

[55] Padungtod P, Tharavichitkul P, Junya S, et al. Incidence and presence of virulence factors of *Streptococcus suis* infection in slaughtered pigs from Chiang Mai, Thailand[J]. The Southeast Asian journal of tropical medicine and public health, 2010, 41(6): 1454-1461.

[56] Hoa N T, Chieu T T, Do Dung S, et al. *Streptococcus suis* and porcine reproductive and respiratory syndrome, Vietnam[J]. Emerging infectious diseases, 2013, 19(2): 331-333.

[57] Kataoka Y, Sugimoto C, Nakazawa M, et al. The epidemiological studies of *Streptococcus suis* infections in Japan from 1987 to 1991[J]. The Journal of veterinary medical science, 1993, 55(4): 623−626.

[58] Martinez G, Pestana de Castro A F, Ribeiro Pagnani K J, et al. Clonal distribution of an atypical MRP$^+$, EF*, and suilysin$^+$ phenotype of virulent *Streptococcus suis* serotype 2 strains in Brazil[J]. Canadian journal of veterinary research, 2003, 67(1): 52−55.

[59] Lopreto C, Lopardo H A, Bardi M C, et al. Primary *Streptococcus suis* meningitis: first case in humans described in Latin America[J]. Enfermedades infecciosasy microbiologia clinica, 2005, 23(2): 110.

[60] Koch E, Fuentes G, Carvajal R, et al. *Streptococcus suis* meningitis in pig farmers: report of first two cases in Chile[J]. Revista chilena de infectologia : organo oficial de la Sociedad Chilena de Infectologia, 2013, 30(5): 557−561.

[61] Callejo R, Prieto M, Salamone F, et al. Atypical *Streptococcus suis* in Man, Argentina, 2013[J]. Emerging infections diseases, 2014, 20(3): 500−502.

[62] Marie J, Morvan H, Berthelot-Herault F, et al. Antimicrobial susceptibility of *Streptococcus suis* isolated from swine in France and from humans in different countries between 1996 and 2000[J]. The Journal of antimicrobial chemotherapy, 2002, 50(2): 201−209.

[63] Wisselink H J, Smith H E, Stockhofe-Zurwieden N, et al. Distribution of capsular types and production of muramidase-released protein (MRP) and extracellular factor (EF) of *Streptococcus suis* strains isolated from diseased pigs in seven European countries[J]. Veterinary microbiology, 2000, 74(3): 237−248.

[64] Vela A I, Goyache J, Tarradas C, et al. Analysis of genetic diversity of *Streptococcus suis* clinical isolates from pigs in Spain by pulsed-field gel electrophoresis[J]. Journal of clinical microbiology, 2003, 41(6): 2498−2502.

[65] Tarradas C, Perea A, Vela A I, et al. Distribution of serotypes of *Streptococcus suis* isolated from diseased pigs in Spain[J]. The veterinary record, 2004, 154(21): 665−666.

[66] Tian Y, Aarestrup F M, Lu C P. Characterization of *Streptococcus suis* serotype 7 isolates from diseased pigs in Denmark[J]. Veterinary microbiology, 2004, 103(1−2): 55−62.

[67] Arends J P, Zanen H C. Meningitis caused by *Streptococcus suis* in humans[J]. Reviews of infectious diseases, 1988, 10(1): 131−137.

[68] Nghia H D, Hoa N T, Linh le D, et al. Human case of *Streptococcus suis* serotype 16 infection[J]. Emerging infectious diseases, 2008, 14(1): 155−157.

[69] Luque I, Blume V, Borge C, et al. Genetic analysis of *Streptococcus suis* isolates recovered from diseased and healthy carrier pigs at different stages of production on a pig farm[J]. The

veterinary journal, 2010, 186(3): 396–398.

[70] Marois C, Le Devendec L, Gottschalk M, et al. Detection and molecular typing of *Streptococcus suis* in tonsils from live pigs in France[J]. Canadian journal of veterinary research, 2007, 71(1): 14–22.

[71] Wang K, Zhang W, Li X, et al. Characterization of *Streptococcus suis* isolates from slaughter swine[J]. Current microbiology, 2013, 66(4): 344–349.

[72] Robertson I D, Blackmore D K. Occupational exposure to *Streptococcus suis* type 2[J]. Epidemiology and infection, 1989, 103(1): 157–164.

[73] Smith T C, Capuano A W, Boese B, et al. Exposure to *Streptococcus suis* among US swine workers[J]. Emerging infectious diseases, 2008, 14(12): 1925–1927.

[74] Elbers A R, Vecht U, Osterhaus A D, et al. Low prevalence of antibodies against the zoonotic agents *Brucella abortus*, *Leptospira* spp., *Streptococcus suis* serotype II, hantavirus, and lymphocytic choriomeningitis virus among veterinarians and pig farmers in the southern part of The Netherlands[J]. The Veterinary quarterly, 1999, 21(2): 50–54.

[75] Takeuchi D, Kerdsin A, Pienpringam A, et al. Population-based study of *Streptococcus suis* infection in humans in Phayao Province in northern Thailand[J]. PloS ONE, 2012, 7(2): 31265.

第二章
病原学

第一节 基因组

猪链球菌是猪的重要致病菌，同时也是一种重要的人畜共患病原。在33种血清型中，2型致病力最强，也是感染人的主要血清型，此外4型、5型、14型、16型、21型、24型等也可感染人并致病。猪链球菌全基因组序列的公布，为鉴定毒力因子与阐明致病机理奠定基础。迄今，美国国家生物技术信息中心（NCBI）公布了20株猪链球菌全基因组序列（表2-1）。猪链球菌基因组有如下特征：① 所有的测序的基因组含有相同的平均GC含量，大约41%；② 基因组的大小为2Mb左右，值得关注的是无毒参考株T15基因组最大，为2.240 23Mb；③ 推测编码2 000个左右蛋白。

表 2-1 猪链球菌全基因组信息

菌株名称	血清型	菌株特征	基因组大小（Mb）	编码蛋白数
BM407	2 型	2004 年分离自越南患者，脑膜炎	2.170 81	1 947
05ZYH33	2 型	2005 年分离自中国患者，中毒性休克综合征	2.096 31	2 186
98HAH33	2 型	1998 年分离自中国患者，中毒性休克综合征	2.095 70	2 185
GZ1	2 型	2005 年分离自中国患者，败血症	2.038 03	1 977
SC84	2 型	2005 年分离自中国患者，中毒性休克综合征	2.095 90	1 898

（续）

菌株名称	血清型	菌株特征	基因组大小（Mb）	编码蛋白数
P1/7	2型	1976年分离自英国脑膜炎病猪，强毒参考株	2.007 49	1 824
A7	2型	分离自中国猪链球菌病猪	2.038 41	1 974
S735	2型	分离自荷兰猪链球菌病猪，肺炎	1.980 89	1 882
SC070731	2型	2007年分离自中国病猪，脑膜炎，用斑马鱼作为感染模型，毒力比P1/7强	2.138 57	1 933
T15	2型	分离自荷兰，无毒参考株	2.240 23	2 190
05HAS68	2型	分离自中国健康猪，无毒株	2.188 36	2 065
JS14	14型	分离自中国病猪	2.137 43	2 066
ST3	3型	分离自中国病猪，急性肺炎	2.028 81	1 952
SS12	1/2型	分离自中国病猪	2.096 87	2 079
D9	7型	分离自中国病猪	2.177 66	2 074
D12	9型	分离自中国病猪	2.183 06	2 078
ST1	1型	不详	2.034 32	1 987
TL13	16型	分离自中国健康猪	2.038 15	1 939
YB51	3型	分离自中国健康猪	2.043 66	2 012
6407	4型	分离自丹麦病猪	2.292 36	2 064

Holden等对欧洲猪源毒力株P1/7、中国人源毒力株SC84和越南人源毒力株BM407进行全基因组测序，比较基因组分析发现：猪链球菌与链球菌属其他种存在差异，有40%基因为猪链球菌所特有；猪链球菌之间基因组具有较高的保守性，但在两株人源株存在3个大小约为90kb的区域，该区域由整合接合元件和转座子组成，与细菌的结合元件及转座子功能相关，包含耐药基因，提示水平基因的转移导致细菌耐药性变化[1]。

Chen等通过比较基因组学方法,发现可引起中毒休克综合征的中国强毒株98HAH33和05ZYH33含有一特有89K毒力岛,发现该毒力岛内的ABC型转运系统、二元调控系统SalK-SalR和4型分泌系统VirD4-VirB4可能与中毒休克综合征相关[2,3],但是欧洲参考株P1/7无该毒力岛。虽有报道位于该毒力岛的SalK-SalR和VirD4-VirB4等基因缺失后细菌毒力降低,但主要是通过影响其他基因的表达从而间接影响毒力,且并未阐明调控机制;而且,尚未有证据表明该岛其他基因直接与细菌毒力相关。因此,该岛在猪链球菌致病中的作用有待深入研究。

虽然猪链球菌2型是主要致病血清型,但流行病学数据表明1型、7型、9型、1/2型等血清型分离率也较高。张安定等对这四种血清型猪链球菌进行全基因组测序,比较基因组分析发现:猪链球菌基因组中存在大量基因插入与丢失,而整个猪链球菌泛基因组的大小随着新基因组的加入而增大;2型在演化上与1型、3型、7型、9型存在差异,但与1/2型和14型很相近;除了1型菌株外,所有菌株都存在89K毒力岛重组位点,提示具有获得该毒力岛的潜能[4]。

本章作者的课题组从脑膜炎病猪脑中分离一株猪链球菌2型菌株SC070731,斑马鱼毒力试验显示,该菌株毒力比强毒参考株P1/7更强。对SC070731进行全基因组测序,发现4个新的候选毒力因子:RTX毒素家族胞外蛋白A、5′核苷酸酶、含组氨酸三联体和富亮氨酸区的蛋白、类枯草杆菌丝氨酸蛋白酶。与NCBI上公布的7株猪链球菌2型菌株的全基因组序列相比较,SC070731特有一个105K基因岛(图2-1)。深入分析发现,该基因岛含有乳酸链球菌素(Nisin)基因,前噬菌体基因Ph070731,RelBE毒素抗毒素基因等。采用PCR方法,从15株病猪分离株猪链球菌中检测该基因岛特有的4个蛋白(Nisin、Nisin免疫蛋白、毒素RelE及抗毒素RelB)编码基因分布情况,结果显示,这4个基因并不广泛存在,为SC070731菌株所特有。上述结果有助于阐明猪链球菌2脑膜炎分离株SC070731致病机制[5]。

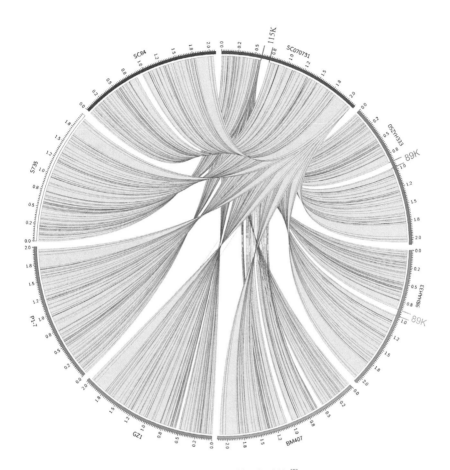

图 2-1　猪链球菌基因组比较 [5]

第二节　毒力因子

猪链球菌毒力因子研究主要针对2型，除了比较基因组学方法，其他技术如转录组、蛋白组、体内表达、转座子突变、选择性捕获转录序列、抑制差减杂交等也应用于鉴定毒力因子 [6-11]。目前发现的毒力因子多达70多种，多数为细菌表面成分、表面蛋白、胞外蛋白、酶类、调控因子等，直接或间接参与黏附宿主细胞、体内存活、免疫逃逸等，表2-2简要归纳这些毒力因子功能。在众多的毒力因子中，哪些更为举足轻重，哪些是最关键的，令人关注。最近的研究表明，猪链球菌非编码小RNA（small RNAs，sRNAs）作为新型毒力调控因子，可直接或间接调控毒力基因表达，从而影响猪链球菌毒力[12]，将猪链球菌致病机制的视野提升到新的高度。

表 2-2　猪链球菌毒力因子[13]

基因名（英文）	基因名（中文）	功能	缺失株毒力（实验动物）
Phosphoribosylamine-glycine ligase	磷酸核糖胺-甘氨酸连接酶	未知	减弱（猪和小鼠）
Gene homologous to S. mutans SMU_61	变异链球菌同源基因 SMU_61	转录调控	减弱（猪）
AdcR	AdcR 调控因子	锌吸收调控因子	减弱（小鼠）
Glyceraldehyde-3-phosphate dehydrogenase（GAPDH）	甘油醛-3-磷酸脱氢酶（GAPDH）	黏附	无报道
Glutamine synthetase	谷氨酰胺合成酶	黏附	减弱（小鼠）
Extracellular protein factor（EF）	胞外蛋白因子（EF）	未知	未减弱（猪）
HP0197/Type II secretory pathway, pullulanase	HP0197/Type II 分泌途径，支链淀粉酶	调控荚膜多糖（CPS）合成及通过CcpA调控因子调控链球菌的毒力	减弱（猪和小鼠）
Dipeptidylpeptidase IV (DPP IV)	二肽基肽酶（DPP IV）	黏附，纤连蛋白结合	减弱（小鼠）
Glutamate dehydrogenase (GDH)	谷氨酸脱氢酶（GDH）	代谢：谷氨酸脱氢酶	无报道

(续)

基因名（英文）	基因名（中文）	功能	缺失株毒力（实验动物）
Adhesin P/a novel factor H-binding surface protein（FHB）	黏附 P/ H 因子结合蛋白	血凝素，通过与补体调节因子 hFH 作用，逃避先天免疫防御	减弱（猪）
38 kD protein	38 kD 蛋白	代谢：磷酸变位酶	无报道
Fur/Zur/ PerR	铁调控因子（Fur）/锌调控因子（Zur）/氧化应激调控因子（PerR）	参与铁调控、锌调控、氧化应激调控，由同一基因编码	减弱（小鼠）
SSU0308（Lipoprotein 103）	猪链球菌 SSU0308（脂蛋白 103）	锌吸收	减弱（小鼠）
S-ribosylhomocysteinase（LuxS）	S-核糖基高半胱氨酸酶（LuxS），调控因子	群体感应	减弱（斑马鱼）
Serine/threonine protein phosphatase（STP）	丝氨酸/苏氨酸蛋白磷酸酶	未知	减弱（小鼠）
Serine/Threonine Kinase	丝氨酸/苏氨酸激酶	未知	减弱（小鼠）
srtF pilus	SRTF 菌毛	推测的黏附素	无影响（小鼠）
Collagenase	胶原酶	降解胶原	减弱（猪）
Immunoglobulin M degrading enzyme	猪 IgM 蛋白酶	特异性降解猪 IgM	无影响（小鼠、斑马鱼）
CPS2C	CPS 合成相关基因	CPS 生物合成	减弱（猪和小鼠）
CPSE	CPS 合成相关基因	CPS 生物合成	减弱（猪）
CPSF	CPS 合成相关基因	CPS 生物合成	减弱（猪）

（续）

基因名（英文）	基因名（中文）	功能	缺失株毒力（实验动物）
NeuB	唾液酸合成酶	参与唾液酸合成，唾液酸位于CPS外层，促进细菌在血液中存活	减弱（猪和小鼠）
D-alanine-poly ligase	D-丙氨酸-聚连接酶	未知	减弱（猪）
Arginine deiminase system（arcA）	精氨酸脱亚氨酶系统（arcA）	耐酸	无报道
Arginine deiminase system（arcB）	精氨酸脱亚氨酶系统（arcB）	耐酸	无报道
Arginine deiminase system（arcC）	精氨酸脱亚氨酶系统（arcC）	耐酸	无报道
Lipoteichoic Acid D-alanylation（DltA）	脂磷壁酸D-丙氨酰化	脂磷壁酸D-丙氨酰化	减弱（猪）
Gene homologous to S. pneumoniae spr1018	肺炎链球菌同源基因spr1018	未知	减弱（猪）
Muramidase-released protein（MRP）	溶菌酶释放蛋白	未知	无影响（猪）
Lipoprotein signal peptidase	脂蛋白信号肽酶	脂蛋白输出	无影响（猪）
Cell envelope proteinase	细胞表面蛋白酶	类枯草杆菌蛋白酶/降解的IL-8，促进猪链球菌血液中存活	减弱（小鼠）
Permease	透性酶	ABC-型抗生素转运系统	减弱（猪）
Putative 5'-nucleotidase	5'-核苷酸酶	通过降解核酸，产生核苷，抑制宿主免疫系统	减弱（猪和小鼠）
IgA1 protease	IgA1蛋白酶	IgA1蛋白酶/锌金属蛋白酶zmpC	减弱（猪）
Glutamine transport system permease protein（glnH）	谷氨酰胺转运系统透性酶	未知	减弱（猪）

（续）

基因名（英文）	基因名（中文）	功能	缺失株毒力（实验动物）
Sortase A（SrtA）	转肽酶 A	通过识别 LPXTG 序列，使表面蛋白共价结合于肽聚糖	减弱（猪）
Cytidine deaminase（cdd）	胞嘧啶核苷脱氨酶	代谢：胞嘧啶核苷脱氨酶	减弱（猪）
CiaRH-CiaHR	CiaRH-CiaHR	二元调控系统感应蛋白	减弱（猪）
Hyaluronate lyase	透明质酸酶	透明质酸酶	无报道
N-acetylmuramoyl-L-alanine amidase（atl）	N-乙酰基-L-丙氨酸酰胺酶	自溶素，参与细胞自溶，分离的子细胞，生物膜的形成，纤连蛋白的结合活性，细胞黏附	减弱（斑马鱼）
Putative surface-anchored zinc carboxypeptidase	羧肽酶	表面锚定的纤连蛋白结合蛋白/体内诱导产生的一种新的蛋白	减弱（小鼠）
Surface antigen One（Sao）	表面抗原	免疫猪可产生保护性抗体，但功能未知	无影响（小鼠）
CcpA	CcpA 调控因子	糖代谢调控	减弱（小鼠）
Suilysin	溶血素	促进形成脑膜炎	无影响（猪）
FeoB	铁转运蛋白	铁转运	减弱（小鼠）
Fbps	纤连蛋白结合	黏附	减弱（猪）
Enolase	烯醇酶	黏附素：纤维连接蛋白和与纤溶酶原结合	无报道
Superoxide dismutase	超氧化物歧化酶	抗毒性、抗氧化应激	减弱（小鼠）
Prolipoprotein diacylglyceryl transferase（Lgt）	前脂蛋白甘油二酯转移酶	前脂蛋白甘油二酯转移酶	无报道
Peptidoglycan N-acetylglucosamine deacetylase（PgdA）	肽聚糖 N-乙酰葡糖胺脱乙酰酶（PgdA）	肽聚糖 N-乙酰葡糖胺脱乙酰酶	减弱（猪）
Ihk-Irr	Ihk/Irr/二元调控系统	代谢	减弱（小鼠）
Serum opacity-like factor	血清混浊因子	血清混浊	减弱（猪）

（续）

基因名（英文）	基因名（中文）	功能	缺失株毒力（实验动物）
CovR	CovR 孤儿调控因子	毒力负调控因子，基因缺失后荚膜变厚、溶血活性加强，抗单核细胞吞噬和杀伤的能力提高	增强（猪）
6-phosphogluconate dehydrogenase	6-磷酸脱氢酶	黏附素	无报道
manN gene	manN	甘露糖特异磷酸转移酶系统 IID	减弱（猪）
A virulence-related gene（VirA）	毒力相关基因 VirA	未知	减弱（猪、小鼠、兔）
Endo-β-Nacetylglucosaminidase D	内切-β-N-乙酰葡糖胺糖苷酶 D	降解宿主表面寡糖	减弱（猪）
DNA nuclease	DNA 核酸酶	降解宿主 DNA/有助于降解 NETs 和 NET-介导的抗菌活性	无报道
nadR gene	nadR	转录调控	减弱（猪）
Metallo-serine protease	金属-丝氨酸蛋白酶	IgA1 蛋白酶	减弱（猪）
Rgg	Rgg	转录调控	减弱（猪）
α-glucan-degrading enzyme（ApuA）	α-葡聚糖降解酶（ApuA）	黏附素	无报道
TroA	TroA	锰的吸收	减弱（小鼠）
RevS/RevSC21	RevS/RevSC21	孤儿调控因子	减弱（猪和小鼠）
cbp40/菌毛辅助蛋白	cbp40/菌毛辅助蛋白	胶原 I 型结合蛋白	减弱（斑马鱼）
VirR/VirS	VirR/VirS	二元调控系统	减弱（小鼠）
c-di-AMP phosphodiesterase（GdpP）	c-di-AMP 磷酸二酯酶	促进细菌入侵脏器	减弱（小鼠）

（续）

基因名（英文）	基因名（中文）	功能	缺失株毒力（实验动物）
Trag	Trag	未知	减弱（斑马鱼）
SalK-SalR	SalK/SalR	二元调控系统	减弱（猪）
NisK-NisR	NisK/NisR	二元调控系统	减弱（小鼠）
VirD4	VirD4	激发宿主产生强烈免疫反应，导致中毒休克综合征	减弱（小鼠）
VirB4	VirB4	激发宿主产生强烈免疫反应，导致中毒休克综合征	减弱（小鼠）

"无报道"表示缺失株未能获得或未进行动物试验。

一、细菌表面成分

与猪链球菌毒力相关的表面成分主要有：荚膜多糖（CPS）、肽聚糖、磷壁酸等。CPS已被证实是猪链球菌重要毒力因子[14,15]。CPS具有抗吞噬功能，与野生株相比，CPS突变株更容易被初级肺泡巨噬细胞[15]以及鼠巨噬细胞系J774[16]清除。当猪链球菌在大鼠和猪的腹膜腔中，CPS增厚[17,18]。吴宗福等最近研究表明，猪链球菌在猪全血中孵育1h后，CPS合成相关基因表达显著提高，并通过Dot-Blot方法证实CPS产量也显著提高[12]。与B群链球菌相似，猪链球菌的CPS包含唾液酸残基，其末端与CPS链连接。NeuB是一种唾液酸合成酶，参与唾液酸合成。neuB缺失后，CPS变薄，细菌表面结果发生变化，更容易被吞噬细胞和血液细胞清除。小鼠与猪毒力试验表明，缺失株毒力显著降低。同样neuC编码UDP-N-乙酰葡糖胺2-表异构酶，也与唾液酸的生物合成有关，是荚膜合成所必需，小鼠感染模型结果显示，缺失株毒力显著降低。

革兰阳性菌肽聚糖的多糖链包含β-1,4-N-乙酰葡糖胺和N-乙酰胞壁酸。肽聚糖去乙酰化有利于细菌对溶菌酶的抵抗[15]。猪链球菌的肽聚糖N-乙酰葡糖胺脱乙酰酶（PgdA）的催化区域与肺炎链球菌的PgdA同源，当猪链球菌与宿主细胞相互作用时pgdA的表达明显上调，提示可能促进细菌抵抗溶菌酶的杀灭，猪链球菌 pgdA缺失株对小鼠和猪毒力减弱，在血液中存活率降低[19]。

致病性链球菌和葡萄球菌的磷壁酸（TA）和脂磷壁酸（LTA）与黏附宿主细胞有关。将猪微血管内皮细胞（BMEC）与LTA预作用后，猪链球菌对该细胞的黏附下降，表明LTA参与猪链球菌对宿主细胞的黏附[20]。脂磷壁酸D-丙氨酰化酶（DltA）催化LTA进行D-丙氨酰化，LTA丙氨酰化可降低细菌表面的负电荷抵抗阳离子抗菌肽，$\Delta dltA$突变株对CD1小鼠毒力显著下降，更易被猪中性粒细胞清除，提示DltA是毒力因子[21]。

二、表面与分泌蛋白

除了研究较多的溶菌酶释放蛋白（MRP）[22]、胞外蛋白因子（EF）[22]、纤连蛋白结合蛋白（FBP）[23]和溶血素（SLY）[24]等，近些年发现一些新的毒力因子。从突变文库和基因组表达文库中发现枯草杆菌蛋白酶样丝氨酸蛋白酶（SspA），其C端拥有典型的细胞壁锚定信号LPXTG，提示其可能为细胞表面展示蛋白[25]，SspA可降解中性粒细胞化学诱导物IL-8[13]，缺失该基因后细菌更易被全血清除，对小鼠毒力显著降低[25]。

HP0197是新发现的猪链球菌毒力因子，位于细菌表面，其可与宿主细胞表面的葡糖氨基聚糖作用，其作用位点已被解析。该基因缺失后，细菌CPS变薄，抗吞噬的能力下降，导致细菌易于被免疫系统清除。同时HP0197也是表面保护性抗原，其能诱导免疫应答，对猪链球菌2型的攻击可产生免疫保护，该基因缺失后细菌对小鼠和猪毒力降低[26]。

猪链球菌血清混浊因子（OFS）是微生物表面成分识别黏附基质分子的家族成员[27]。其N端与化脓链球菌的OFS以及停乳链球菌的纤连蛋白结合蛋白相似,其C端锚有重复序列。猪链球菌粗提物或重组表达的OFS蛋白均具有血清混浊活性。将野生株鼻内感染仔猪,引起70%~90%的死亡率;而 ofs 突变株感染仔猪,只有少数动物发病,大部分仔猪不表现出任何临床症状[27,28]。

菌毛可作为革兰阳性菌的毒力因子。srtBCD 作为猪链球菌的一个可能的菌毛基因簇,包含四个菌毛素亚单位基因(sbp1, sbp2, sbp3, sbp4)和三个转肽酶基因(srtB, srtC, srtD)。然而,由于猪链球菌 srtBCD 菌毛簇基因不编码产生菌毛,其功能被忽视。本章作者课题组最新研究结果显示,sbp2 在799bp处插入碱基"T"使859bp处产生一个终止密码子"TAA",无法编码完整骨架蛋白Sbp2,只编码截短蛋白Sbp2′。免疫转印证实Sbp1、Sbp2′、Sbp4位于细菌表面。通过同源重组的方法构建一系列缺失突变株,与野生株P1/7相比,Δsbp1、Δsbp2′、Δsbp4 对HEp-2细胞的黏附率显著下降,且上述缺失株对斑马鱼的毒力显著降低。首次证实,虽然猪链球菌 srtBCD 菌毛簇不能形成菌毛,但其中Sbp1、Sbp2′、Sbp4以表面蛋白形式存在于细菌表面,与细菌毒力相关[29]。

本章作者课题组最新研究结果显示,猪链球菌5′-核苷酸酶位于细菌表面,可降解AMP产生核苷,核苷是免疫抑制剂,可抑制宿主免疫系统及中性粒细胞活性,斑马鱼与CD1小鼠毒力试验显示,该基因缺失后细菌毒力显著降低。

三、酶类毒力因子

Wilson等采用标签突变系统鉴定8个酶与细菌毒力相关[8],包括:唾液酸合成酶(NeuB)、UDP-N-乙酰葡糖胺2-表异构酶(NeuC)、内β-N-乙酰氨基葡糖苷酶(endo D)、蔗糖磷酸化酶(GtfA)、腺苷酸琥珀酸合成酶(PurA)、磷酸核糖胺甘氨酸连接酶(PurD)、蔗糖-6-磷酸水解酶(ScrB)和胞苷脱氨酶(Cdd)。这些基因突变株对猪和小鼠毒力降低,NeuB和NeuC功能已知,其参与唾液酸合成,其余则未深入研究。

其他参与猪链球菌毒力的酶有：二肽基肽酶Ⅳ（DPPⅣ）、S核糖基高半胱氨酸酶（LuxS）、α葡聚糖降解酶（ApuA）和转肽酶A（SrtA）等。DPPⅣ属于丝氨酸蛋白酶家族，从蛋白氮端酶解X-Pro/Ala双肽残基，该酶广泛分布于细菌与真核生物。Ge等研究发现，该酶是猪链球菌毒力因子，可结合人纤连蛋白，基因缺失后对小鼠毒力显著降低[30]。LuxS可催化自诱导物2（Autoinducer 2，AI-2）合成，在密度感应系统中发挥作用。本章作者课题组研究发现该基因缺失导致细菌生物被膜（Biofilm）形成、对HEp-2细胞黏附、溶血活性、对斑马鱼毒力等都显著降低，同时毒力基因 *gdh*、*cps*、*mrp*、*gapdh*、*sly*、*fbps*和*ef*表达水平也都下降，提示该基因是重要毒力因子[31]。猪链球菌ApuA是双功能支链淀粉酶，具有α淀粉酶和支链淀粉酶结合结构域，同时该蛋白具有细胞壁锚定信号LPKTGE。ApuA是猪链球菌在支链淀粉作为主要碳源的培养基中生长所必需的酶，提示该酶为细菌在鼻咽部和口腔中通过降解糖原和淀粉获取营养中发挥重要作用。体外试验表明，该酶促进细菌黏附猪上皮细胞和黏液，但无动物试验数据[32]。此外，由*arcABC*操纵子编码的精氨酸脱亚氨酶系统（ADS）也是猪链球菌在酸应激环境中生存所必需。最新研究发现，环二腺苷酸（Cyclic diadenosine monophosphate，c-di-AMP）是在细菌中新发现的一种第二信使分子，敲除c-di-AMP水解酶基因*gdpP*，可导致细胞内c-di-AMP水平升高，降低细菌的溶血活性、对HEp-2细胞的黏附与侵入能力，并且动物实验结果显示，*gdpP*基因缺失株的致病力明显降低，提示c-di-AMP在调节致病菌的毒力方面发挥着重要的作用[33]。

另外，两个免疫球蛋白酶分别是IgA1蛋白酶和猪IgM蛋白酶。IgA1蛋白酶在很多致病性细菌中是毒力因子，张安定等发现猪链球菌中也存在该蛋白酶，缺失该基因导致细菌对猪毒力显著下降，证实该蛋白酶也是一重要毒力因子[34]。Seele等首次从猪链球菌分泌蛋白中发现猪IgM蛋白酶，该酶同时也位于细菌表面，只特异性降解猪IgM，不能降解人、小鼠、猫、牛、犬等IgM，基因缺失后细菌在血液存活能力下降[35]。

四、蛋白调控因子

在猪链球菌2型强毒株中报道与细菌毒力相关的二元调控系统有：SalK–SalR、CiaR–CiaH、Ihk–Ihr、VirR–VirS 和 NisK–NisR等[36-38]。此外，还有两个孤儿调节因子（CovR和RevSC21/RevS）报道与细菌的毒力相关。孤儿应答调节因子RevSC21可调节毒力因子 *mrp*、*sly* 和 *cps* 的表达水平，是细菌致病性所必需[39]。然而，另一种孤儿应答调节因子CovR，是猪链球菌毒力的负调控因子[40]，其缺失突变株 Δ*covR* 呈现荚膜变厚、溶血活性加强，黏附至上皮细胞的能力大大增强、抵抗中性粒细胞和单核细胞吞噬和杀伤的能力提高，缺失株对仔猪致死性增强[40]。

猪链球菌的生长需要微量金属元素，但其在感染宿主体内的可利用量很低。能否获得适量的金属元素，决定细菌能否在体内增殖与存活。AdcR是控制锌运输的调节因子，该转录因子的破坏可使得猪链球菌在小鼠感染模型中的毒力下降[41]。猪链球菌铁调控因子（Fur）、锌调控因子（Zur）和氧化应激调控因子（PerR）由同一基因编码（在猪链球菌2型菌株05ZYH33中由SSU05_0310基因编码），该基因参与铁调控、锌调控和氧化应激调控，是猪链球菌重要毒力因子[41-43]。*FeoBA*编码一种铁转运系统，受到Fur负调控，Aranda等证实缺失 *feoB* 导致对小鼠毒力下降[44]。

此外，调控因子还可通过调控细菌代谢，从而调控毒力。CcpA参与调控糖代谢，该基因缺失可显著降低荚膜厚度，也易于被猪中性粒细胞清除[45]，缺失株对小鼠毒力下降[46]。在猪链球菌上也存在 *rgg* 样因子，该基因参与调控非葡萄糖碳水化合物代谢、DNA重组、蛋白合成等，缺失株对猪毒力显著降低[47]。

在猪链球菌的感染过程中，还有其他一些新发现因子与细菌的致病性密切相关。VirA是一种新确认的毒力因子，最早由Wilson等采用标签突变系统鉴定，证实突变株对小鼠及猪毒力减弱[8]。随后，Li等发现该基因只存在于强毒株中，在无毒株中存在结构上突变，该基因缺失株对兔毒力显著降低[48]。触发因子（Trigger factor）也是一毒力相关因子，其通过控制一系列已知毒力因子cps、mrp和sly等的表达来发挥作用[49]；另外，一种与肺炎链球菌spr1018同源的功能未知蛋白也报道与猪链球菌毒力相关[8]。

五、sRNAs调控毒力

近年来，细菌sRNAs的研究备受关注。致病菌sRNAs可作为细菌毒力调控关键因子，促进细菌在宿主体内增殖与感染[50-54]。细菌sRNAs一般是大小为40～500核苷酸的RNA分子，主要包括：位于基因间隔区的非编码RNA（non-coding RNA，ncRNA）；产生于mRNA互补链的互补RNA（Antisense RNA）；还有一些sRNAs，如核糖开关（Riboswitch）等，也可调控基因的表达[52, 55, 56]。位于基因间隔区的sRNAs研究最多，这类sRNAs大多与位于基因组其他位置的靶位mRNA有限互补结合：结合区域可位于核糖体结合位点（RBS）附近，阻碍核糖体结合mRNA，从而抑制蛋白翻译；结合区域也可远离RBS区域，导致mRNA二级结构发生变化，封闭RBS，阻碍核糖体结合mRNA，抑制蛋白翻译；sRNAs结合靶位后，mRNA二级结构发生变化，使原本封闭的RBS暴露出来，促进核糖体结合mRNA，促进蛋白翻译；sRNAs与靶位结合后还可降低或提高靶位mRNA稳定性[52, 57, 58]。

吴宗福等通过转录组测序发现猪链球菌脑膜炎分离株P1/7存在29个sRNAs（图2-2）[12]，挑选在猪脑脊液或猪血液中上调表达的sRNAs深入研究，与野生株相比，发现其中5个sRNAs（rss03、rss04、rss05、rss06和rss11）缺失株对斑马鱼毒力显著降低，对HEp-2细胞的黏附显著下降，其中rss03、rss05和rss06缺失株在猪全血中存活能力显著降低。rss03通过间接抑制荚膜多糖合成相关基因cps2B的表达，促使猪链球菌在脑脊液中减少荚膜产生，更易暴露细菌表面成分，从而激发炎症反应导致脑膜炎；rss06间接促进编码脂蛋白的毒力基因SSU0308的表达，从

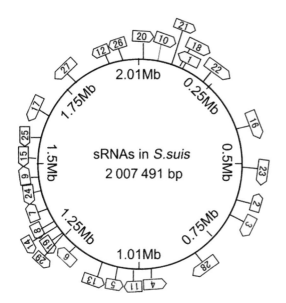

图 2-2 猪链球菌毒力株 P1/7 sRNAs 在基因组中分布[12]

注：顺时针箭头表示 sRNAs 位于基因组正链，逆时针箭头表示 sRNAs 位于基因组负链，黄色 sRNAs 表示与猪链球菌毒力相关，sRNAs 基因缺失后，细菌对斑马鱼毒力下降。

而调控毒力。上述结果首次揭示sRNAs参与调控猪链球菌毒力，为阐明猪链球菌致病机理奠定基础。

六、展望

　　细菌sRNAs可作为细菌毒力调控关键因子，然而在猪链球菌中的研究则刚起步。本章作者课题组首次发现与猪链球菌毒力相关的sRNAs，这些sRNAs到底如何调控毒力？在革兰阴性菌中，sRNAs行使调控功能通常需要RNA结合蛋白Hfq参与，Hfq能够维持sRNAs稳定性或者间接影响靶位mRNA稳定性和翻译[57, 59]。然而，在革兰阳性菌中Hfq功能则并非如此[60]。而且，很多革兰阳性病原菌缺乏Hfq，如猪链球菌、肺炎链球菌、化脓链球菌、分支杆菌等[60]。猪链球菌是否有类似Hfq的RNA结合蛋白参与sRNAs调控，值得探讨。最近文献表明，sRNAs不仅可以与靶位基因mRNA结合，抑制靶位mRNA翻译或同时影响靶位mRNA稳定性导致其降解，还可以编码蛋白质，行使双功能[61]。猪链球菌是否也存在双功能sRNAs？它们又是如何调控细菌的毒力？以sRNAs形式，以蛋白形式，还是都参与毒力调控？上述问题的解答将有助于阐明猪链球菌的致病机制。

Takeuchi等最近研究发现，溶血素促进细菌在脑部增殖，引起更强的炎症反应，促进脑膜炎；与ST4菌株相比，溶血素在ST1菌株中的表达水平更高，这可能是ST1能导致脑膜炎而ST4不能的原因[62]。提示对毒力基因的研究不能仅停留在基因水平的有无，还要考虑表达水平的差异，可能强弱毒株都有相应基因，但表达水平的差异导致毒力的不同。当前，翻译后修饰是细菌致病的研究热点之一[63]，细菌可通过自身蛋白的翻译后修饰的变化，或感染宿主导致宿主蛋白翻译后修饰，从而促进细菌在体内增殖感染。猪链球菌是否也存在类似现象，值得深入研究。

第三节 致病机理

猪链球菌可存在于猪扁桃体中而不发病，但随着母源抗体下降等原因，猪链球菌可从扁桃体或其他黏膜表面扩散进入血液或脏器，导致菌血症、败血症、脑膜炎等。因此，猪链球菌能否感染宿主并致病或致死的关键在于它能否黏附、定殖并突破上皮细胞障碍，进入血液并在血液中存活，继而侵袭不同的器官引起炎症。

一、黏附与定殖

由黏膜感染的病原，黏附和侵袭通常是感染宿主的第一步。猪链球菌可在猪扁桃体中存活很长时间。猪链球菌能够穿过猪上呼吸道的黏膜上皮细胞[64]。评价猪链球菌黏附和侵袭常用的细胞系有A549、HeLa、MDCK和HEp-2等[65]。荷兰研究人员最近证实猪链球菌可黏附人及猪肠上皮细胞,通过胃肠道感染宿主,认为猪链球菌属于食源性病原;他们进而发现,猪链球菌2型人源分离株与猪源分离株相比,前者对人肠上皮细胞黏附能力更强[66]。

猪链球菌能与细胞外基质(ECM)成分,如纤连蛋白和血纤维蛋白溶酶原,相互作用[67]。纤连蛋白结合蛋白Fbps在体外能结合人纤连蛋白和纤维蛋白原[68]。然而,*fbps*缺失株对人纤连蛋白的结合能力并未明显减弱,表明可能存在其他能结合此ECM蛋白的蛋白[67]。将*fbps*缺失株实验感染猪,显示Fbps并非细菌定殖扁桃体所必需,但可能在细菌定殖其他器官中发挥重要作用。最近,Li等鉴定一种新的纤连蛋白结合蛋白Ssa,该蛋白位于细菌表面,重组蛋白可结合人纤连蛋白,该基因缺失后细菌结合纤连蛋白和HEp-2细胞能力显著下降,且对小鼠毒力降低[69]。猪链球菌的二肽基肽酶(Dpp)Ⅳ被发现能与人纤连蛋白相互作用,*dppⅣ*缺失株的毒力显著下降。猪链球菌表面的烯醇酶不仅能结合血纤维蛋白溶酶原,还能结合纤连蛋白,该酶能在感染的猪中诱导产生特异性抗体,但将烯醇酶作为保护性抗原还有待研究。*srtA*缺失株对ECM蛋白的黏附下降,提示锚定于肽聚糖的具有LPXTG基序的黏附素在病原和ECM蛋白的相互作用中也发挥重要作用[70]。此外,猪链球菌还可与宿主细胞表面碳水化合物结合,从而黏附宿主细胞。HP0197是新发现的黏附素,位于细菌表面,其可与宿主细胞表面的葡糖氨基聚糖结合,该基因缺失后细菌对小鼠和猪的毒力及HEp-2细胞黏附能力降低[26]。猪链球菌黏附素P(SadP)可识别宿主细胞表面含半乳糖基-α1-4半乳糖(Galα1-4Gal)的糖复合物,该重组蛋白可识别Galα1-4Gal低聚糖和天然糖脂类受体CD77[71]。猪链球菌也可结合胶原蛋白[67],将胶原酶缺失株实验接种猪,细菌的存活率下降。其他一些表面蛋白:如,甘油醛-3-磷酸脱氢酶(GAPDH)也被报道可作为猪链球菌的黏附素,当将细胞与重组GAPDH蛋白预先孵育后,猪链球菌对猪气管环细胞和HEp-2

细胞的黏附下降；此外，位于猪链球菌菌毛基因簇 $srtBCD$ 的 Sbp1、Sbp2′、Sbp4 细菌表面也被证实与黏附相关，$\Delta sbp1$、$\Delta sbp2′$、$\Delta sbp4$ 对 HEp-2 细胞的黏附率显著下降，且上述缺失株对斑马鱼的毒力显著降低[29]。

猪链球菌还可通过调控因子精细控制黏附相关蛋白的表达。这些调控因子包括：CiaR-CiaH、RevSC21/RevS、LuxS、Rgg、CovR、CcpA 和丝氨酸/苏氨酸磷酸酶（Stp）等。其中调控因子 $ciaR$-$ciaH$[72]、$revSC21/revS$[39]、$luxS$[31]、$ccpA$[45] 和 stp[73] 基因缺失后细菌对 HEp-2 细胞黏附能力下降；调控因子 rgg[74]、$covR$[40] 基因缺失后细菌对 HEp-2 细胞黏附能力提高。另外，猪链球菌黏附能力还受荚膜影响，荚膜多糖可阻碍黏附素黏附宿主细胞，荚膜突变株黏附能力显著提高。宿主可通过分泌 IgA 抵抗通过黏膜入侵的病原。而细菌则可产生 IgA 蛋白酶，降解 IgA，抵抗宿主的防御。猪链球菌能产生一种 IgA1 蛋白酶，能够有效切断人的 IgA1。该蛋白酶针对康复血清有高免疫反应性，并且 IgA1 蛋白酶缺失株对猪的致死率显著下降[75]。

二、血液存活和扩散

要引起败血症和脑膜炎，猪链球菌首先必须要能在血液中存活[76,77]。中性粒细胞是血液中最主要的免疫活性细胞，它可通过溶菌酶类、抗菌肽和活性氧等，清除被吞噬的胞内病原；此外，它还可通过脱颗粒释放抗菌因子及中性粒细胞胞外陷阱（neutrophil extracellular traps, NETs）等方式，清除胞外病原[78]。有关猪链球菌在血液中存活，研究最多的是如何抵抗中性粒细胞的吞噬和清除，主要有以下几种方式：① 通过改变细菌表面结构，如荚膜、细胞壁等。荚膜不仅可有效抵抗中性粒细胞的吞噬[76,79]，还可抑制中性粒细胞通过 NETs 方式杀菌[80]；细胞壁也是细菌重要的毒力因子之一，猪链球菌可通过肽聚糖 N-乙酰葡糖胺脱乙酰酶促使肽聚糖脱乙酰化以抵抗中性粒细胞清除[19]；猪链球菌还可通过细胞壁的脂磷壁酸D-丙氨酰化降低细菌表面的负电荷，从而抵抗中性粒细胞释放的阳离子抗菌肽的清除[21]。② 细菌表面蛋白。Pian等证实猪链球菌溶菌酶释放蛋白（MRP）与烯醇酶通过与纤维蛋白原结合，从而抵抗中性粒细胞吞噬[77]；猪链球菌通过核酸酶A降解NETs，从而抵抗中性粒细胞清除[81]；Liu等证实猪链球菌腺苷合成酶位于细胞表面，通过降解AMP产生的腺苷与中性粒细胞表面A_{2a}受体结合，降低中性粒细胞脱颗粒与产生活性氧能力，从而抑制中性粒细胞杀菌[82]；猪链球菌还可通过表面蛋白丝氨酸蛋白酶（SspA）降解白介素8，抑制中性粒细胞趋化[13]。③ 毒素及酶类等。溶血素不仅有利于猪链球菌引致脑膜炎[62]，而且还可对中性粒细胞产生毒性效应，影响其吞噬及杀菌功能[76,79]；过氧化物歧化酶有利于猪链球菌抵抗氧化应激，从而促进细菌在血液中存活[83]。吴宗福等最近研究结果表明，当猪链球菌进入猪血液中，与对照组相比，有400个基因上调表达，包括荚膜合成相关基因与编码表面蛋白基因，如SspA、MRP、核酸酶A等，促进细菌在血液中存活[12]。此外，转录因子如VirR-VirS[37]和CcpA[45]等，可调控荚膜合成相关基因，影响荚膜形成，缺失株荚膜变薄，更易被中性粒细胞吞噬和清除；毒力负调控因子CovR负调控荚膜合成相关基因、表面蛋白、溶血素的表达，与野生株相比，*covR*缺失株荚膜增厚，溶血活性增强，更能抵抗中性粒细胞的吞噬和清除[40]；转录调控因子NisK-NisR参与调控细菌溶血活性，缺失株更易被中性粒细胞清除[84]。

三、炎性激活与败血性休克

猪链球菌进入宿主体内，会激活宿主免疫系统以抵抗病原。但免疫应答的失衡，则会对宿主造成损害。从猪链球菌感染引起的中毒性休克综合征和败血性休克的患者体内均检测到大量的促炎因子的释放[85]。Dominguez-Punaro等研究发现，猪链球菌感染CD1小鼠后，处于败血症阶段的小鼠体内产生的高浓度的TNF-α、IL-6、IL-1β等细胞因子，以及CCL2、CXCL1、CCL5等趋化因子，这可能与小鼠的急性死亡有关[86]。在大多数促炎细胞因子释放后，负调控因子IL-10会表达上调以调控细胞因子表达。研究还发现，A/J品系小鼠比B6品系小鼠对猪链球菌更易感，其中一个原因是A/J品系小鼠感染猪链球菌后产生更强的炎症反应和较低水平的IL-10。他们将猪链球菌与IL-10中和抗体预作用后感染B6品系小鼠，败血性休克的发生率上升，而将重组IL-10与猪链球菌预作用后感染A/J品系小鼠，败血性休克的发生率则下降[87]，提示机体一种负调控机制以控制炎症反应，以降低对机体的损伤。宿主细胞一些模式识别受体，如CD14和TLR-2等，可识别猪链球菌相关因子，激活后可导致炎性复合物的释放[88-91]。有关猪链球菌激活炎性反应的毒力因子还不是很清楚。有研究表明细菌的细胞壁成分是细胞因子的主要诱导因子，但其机制还不清楚[92-97]。此外，溶血素能激活吞噬细胞并诱导炎性细胞因子的释放[90,98]，同时还可以使红细胞释放血红蛋白，与猪链球菌的细胞壁成分协同提高促炎调控子的水平。

四、入侵中枢神经系统（CNS）与脑膜炎

如果败血症或中毒性休克综合征并未导致宿主死亡，机体处于高菌血症水平，那么猪链球菌可能引起脑膜炎[99,100]。引致脑膜炎，大致分为3个过程：首先，猪链球菌黏附或侵袭脑微血管内皮细胞（BMEC），激发BMEC产生促炎症因子及对BMEC产生毒性效应，从而破坏血脑屏障（BBB），使细菌入侵脑部[13,62,101-103]。猪链球菌进入CNS的另一个位点是血脑脊液（CSF）屏障的脉络丛上皮细胞（CPEC）。尽管血脑脊液屏障与BBB相比，占据的表面区域较小，但在细菌转运和白细胞移行

中发挥非常重要的作用。Tenenbaum等体外实验证实猪链球菌对猪CPEC的基底外侧膜有较好的黏附和侵袭能力，可从细胞底外侧（血液侧）跨过CPEC到达细胞顶端（CSF侧）[101]。同时，研究还表明，细菌侵袭CPEC时CPS明显减少，提示细菌细胞壁成分和/或表面蛋白是侵袭过程中所必需[104]。其次，进入脑部后，猪链球菌能够在营养贫瘠的猪脑脊液中增殖[12, 105]。细菌在脑脊液增殖和自溶过程中释放的细菌成分可诱导免疫活性细胞产生促炎症细胞因子和趋化因子，促进脑膜炎，细菌数量及其释放产物与脑膜炎呈正相关[106, 107]。最后，通过激发炎症反应等方式对脑组织造成损伤。在中枢神经系统中，小胶质细胞（Microglia）是主要的免疫活性细胞，它在清除入侵病原的同时通过产生促炎细胞因子激发炎症反应等方式，对周围神经元造成损伤[108]。猪链球菌可诱导小鼠小胶质细胞产生白介素1β（IL-1β）、白介素6（IL-6）、肿瘤坏死因子α（TNF-α）、单核细胞趋化蛋白1（MCP-1）、CXC趋化因子10/10kD干扰素γ诱导蛋白（CXCL10/IP-10）等促炎细胞因子，从而激发炎症反应[109]。此外，猪链球菌感染可促使中性粒细胞通过血脑脊液屏障进入中枢神经系统，促进炎症反应[110]。

猪链球菌可精细调控基因表达从而引致脑膜炎。细菌的表面成分如黏附相关蛋白和细胞壁成分等，可促进猪链球菌黏附或侵袭BMEC[65]。Fittipaldi等研究发现，当猪链球菌与猪BMEC互相作用后，可引起猪链球菌28个基因上调表达，其中包括细菌表面成分、分泌蛋白酶、蛋白转运与分选相关基因及代谢相关基因等[6]。吴宗福等最近研究结果表明，当猪链球菌进入猪脑脊液环境中，与对照组相比，有268个基因上调表达、728个基因下调表达。其中荚膜合成相关基因下调表达，有利于细菌暴露表面成分，激发炎症反应；同时，很多与碳水化合物、氨基酸、核酸等代谢与转运相关基因上调表达，促进细菌在营养贫瘠条件增殖[12]。

第四节 动物模型

动物模型是判定细菌毒力的重要工具。目前，研究猪链球菌的不同研究组使用不同种类的动物，即使同一种动物，其日龄、免疫状态及感染途径也存在较大差异[111, 112]，导致即使是同一菌株菌的毒力也会有所不同[14, 112, 113]。尽管如此，目前研究猪链球菌的动物模型主要有以下几种：小鼠、仔猪、小型猪、斑马鱼等，其中又以小型猪及斑马鱼的可重复性较好。

一、小鼠

小鼠作为实验动物具有遗传背景清楚、个体差异小、易饲养等优点，因此常作为研究猪链球菌感染的动物模型。Dominguez-Punaro等通过腹腔攻毒CD1小鼠首次建立猪链球菌脑膜炎小鼠感染模型。小鼠感染细菌24h后高水平表达TNF-α、IL-6、IL-12、IFN-α、CCL2、CXCL1和CCL5。耐过败血症存活的小鼠显示出典型的脑膜炎，在脑部显现病理性损伤[86]。此后，Dominguez-Punaro等报道A/J小鼠比B6小鼠更易感猪链球菌，特别是早期急性感染阶段[114]。Seitz等为研究猪链球菌入侵和定殖呼吸道建立鼻内小鼠感染模型。在攻毒CD1小鼠之前，每只小鼠鼻孔滴注12.5μL 1%乙酸预处理，在不同条件下每组小鼠鼻内感染高致病性猪链球菌2型菌株。临床和组织病理显示，经乙酸处理后大多数小鼠显示严重脓性纤维性或脓性坏死性猪肺炎。作者又通过预先在每只小鼠鼻孔滴注1%乙酸5μL，建立了猪链球菌定殖鼻咽模型[115]。Williams等发现从病猪分离的SS2能引起小鼠发病，且幼年鼠比成年鼠敏感，感染后可持续42d从小鼠体内分离到细菌[116]。但Vecht等认为小鼠不适合作为研究SS2的动物模型，尤其是对猪为弱毒或无毒的菌株，在小鼠常可表现较强的致病力和致死率[117]。

二、仔猪

仔猪作为猪链球菌的研究模型，具有敏感性高、反映毒力准确等优点。根据试验目的的不同，采用的感染途径也不尽相同，主要有呼吸道接种、口腔胃肠道接种、静脉接种等[118-121]。但仔猪作为动物模型时也易受隐性带菌和携带抗体等因素影响，而且不同日龄、不同品系、不同的感染途径结果会有所不同。Pallares等通过静脉注射和鼻内接种2周龄仔猪，发现静脉接种猪链球菌后，所有猪都显示典型神经症状，最终安乐处死。在鼻内接种前1h，先对仔猪给予5mL 1%乙酸鼻内滴注，4头猪都表现出被毛粗乱，其中2头猪出现严重神经症状最终安乐处死。猪链球菌最有可能通过鼻内感染，因此鼻内接种更接近猪链球菌自然感染状态[122]。

三、小型猪

Madsen等（2001）试用哥廷根小型猪（Göttingen minipigs）作为猪链球菌感染模型。在喷雾攻击小型猪之前先用低浓度乙酸处理，喷雾攻毒后5~7d用免疫抑制药物醋酸泼尼松龙处理，4头猪中有3头显示出败血症，并能从猪软腭及/或扁桃体检测到细菌，显示该模型可用于猪链球菌病研究[139]。陆承平等于2005年8月首次采用华修国课题组培育的无特定病原菌贵州系巴马香猪（SPF Bama minipigs）为猪链球菌感染模型实验动物，分别用SS2四川分离株、江苏分离株及无毒株T15进行攻击，四川及江苏分离株感染猪发病死亡，而无毒株感染猪不发病，获得理想的试验结果。此后华修国课题组进一步通过临床症状观察、病理剖检、病原分离鉴定以及病原组织分布检测等，证实巴马香猪可用于SS2致病机理、机体免疫应答及疫苗效果评价等方面的研究[123]。最近，华修国课题组用猪链球菌2型强毒株SH08攻击该小型猪，72h后猪相继死亡。显微观察表明，除了脑外，所有脏器与组织出现出血、瘀血、细胞坏死，炎症细胞增多；超微结构显示线粒体空泡化和畸形。其他研究者的试验也表明，小型猪适合作为猪链球菌感染模型（未公开发表资料）。

四、斑马鱼

近些年，斑马鱼作为人类疾病、癌症及免疫学研究的模型越来越受到重视[124-127]。斑马鱼不仅作为研究鱼类病原的动物模型，而且也用于研究哺乳动物的病原，如鼠伤寒沙门菌、大肠杆菌、李斯特菌、无乳链球菌和化脓链球菌等[124,126,128-131]。其作为感染模型在链球菌属细菌中也广泛应用，如海豚链球菌[126,132]、化脓链球菌[126]、无乳链球菌[128]等。

本章作者课题组建立的斑马鱼猪链球菌感染模型[31,133-135]，已被世界动物卫生组织（OIE）所引用。与猪相比，斑马鱼作为猪链球菌感染模型有如下几个方面的优势：低成本、易饲养、易操作、占空间小，特别适合突变库中突变株毒力的判定。且采用斑马鱼模型评价猪链球菌毒力结果与小型猪相吻合[135]。濮俊毅等选用1 005尾AB系斑马鱼以检测8株对猪有致病力的SS2菌株的毒力，结果斑马鱼接种菌株12h后呈败血症病变，96h内对斑马鱼的半数致死量在$5.36 \times 10^3 \sim 5.01 \times 10^4$cfu之间。同时检测1株对猪无致病力的猪链球菌2型菌株的毒力，斑马鱼接种后96h内不表现任何病变，亦不出现死亡[136]。吴宗福等应用Affymetrix斑马鱼芯片研究斑马鱼感染猪链球菌2型菌株HA9801后基因表达的变化。在总共有14 900转录本的芯片中，有189个基因发生变化，其中125个基因上调表达，64个基因下调表达。在上调的基因中，若干基因的功能与免疫和炎症反应、凝血过程、补体激活及急性阶段反应及应激或防御反应有关，其中有3个基因（编码血清淀粉样蛋白A、基质金属蛋白酶9和凋亡相关半胱氨酸蛋白酶）在其他物种中与猪链球菌感染后的反应相同。这些发现有助于用斑马鱼模型进一步探索猪链球菌的致病机理[135]。

五、其他动物模型

其他实验动物，如变形虫盘基网柄菌、豚鼠、家兔等，也可作为猪链球菌感染模型。Bonifait等证实变形虫盘基网柄菌也可作为猪链球菌毒力评价模型，可区分强弱毒株毒力[137]。吴全忠等用SS2 江苏分离株HA9801感染豚鼠，建立了引起脑炎和败血症的动物模型，发病规律重复性好[138]，但是试验结果也发现，豚鼠同群感染时间比仔猪晚，证明豚鼠的易感性低于仔猪，相关结果还需进一步证实。此外，有报道用家兔作猪链球菌研究，但发病及死亡的规律性有待实践的进一步验证[138]。

参考文献

[1] Holden M T, Hauser H, Sanders M, et al. Rapid evolution of virulence and drug resistance in the emerging zoonotic pathogen *Streptococcus suis*[J]. PLoS ONE, 2009, 4(7): e6072.

[2] Chen C, Tang J, Dong W, et al. A glimpse of streptococcal toxic shock syndrome from comparative genomics of S. suis 2 Chinese isolates[J]. PLoS ONE, 2007, 2(3): e315.

[3] Wu Z, Li M, Wang C, et al. Probing genomic diversity and evolution of *Streptococcus suis* serotype 2 by NimbleGen tiling arrays[J]. BMC genomics, 2011, 12: 219.

[4] Zhang A, Yang M, Hu P, et al. Comparative genomic analysis of *Streptococcus suis* reveals significant genomic diversity among different serotypes[J]. BMC genomics, 2011, 12: 523.

[5] Wu Z, Wang W, Tang M, et al. Comparative genomic analysis shows that *Streptococcus suis* meningitis isolate SC070731 contains a unique 105K genomic island[J]. Gene, 2014, 535(2): 156–164.

[6] Fittipaldi N, Gottschalk M, Vanier G, et al. Use of selective capture of transcribed sequences to identify genes preferentially expressed by *Streptococcus suis* upon interaction with porcine brain microvascular endothelial cells[J]. Applied and environmental microbiology, 2007, 73(13): 4359–4364.

[7] Li W, Liu L, Chen H, et al. Identification of *Streptococcus suis* genes preferentially expressed under iron starvation by selective capture of transcribed sequences[J]. FEMS microbiology letters, 2009, 292(1): 123–133.

[8] Wilson T L, Jeffers J, Rapp-Gabrielson V J, et al. A novel signature-tagged mutagenesis system for *Streptococcus suis* serotype 2[J]. Veterinary microbiology, 2007, 122(1–2): 135–145.

[9] Smith H E, Buijs H, de Vries R R, et al. Environmentally regulated genes of *Streptococcus suis*: identification by the use of iron-restricted conditions in vitro and by experimental infection of piglets[J]. Microbiology (Reading, England), 2001, 147(Pt 2): 271–280.

[10] Jiang H, Fan H J, Lu C P. Identification and distribution of putative virulent genes in strains of *Streptococcus suis* serotype 2[J]. Veterinary microbiology, 2009, 133(4): 309–316.

[11] Wu Z, Zhang W, Lu C. Comparative proteome analysis of secreted proteins of *Streptococcus suis* serotype 9 isolates from diseased and healthy pigs[J]. Microbial pathogenesis, 2008, 45(3): 159–166.

[12] Wu Z, Wu C, Shao J, et al. The *Streptococcus suis* transcriptional landscape reveals adaptation mechanisms in pig blood and cerebrospinal fluid[J]. RNA, 2014, 20(6): 882–898.

[13] Fittipaldi N, Segura M, Grenier D, et al. Virulence factors involved in the pathogenesis of the infection caused by the swine pathogen and zoonotic agent *Streptococcus suis*[J]. Future microbiology, 2012, 7(2): 259–279.

[14] Charland N, Harel J, Kobisch M, et al. *Streptococcus suis* serotype 2 mutants deficient in capsular expression[J]. Microbiology (Reading, England), 1998, 144 (Pt 2): 325–332.

[15] Smith H E, Damman M, van der Velde J, et al. Identification and characterization of the cps locus of *Streptococcus suis* serotype 2: the capsule protects against phagocytosis and is an important virulence factor[J]. Infection and immunity, 1999, 67(4): 1750–1756.

[16] Segura M A, Cleroux P, Gottschalk M. *Streptococcus suis* and group B Streptococcus differ in their interactions with murine macrophages[J]. FEMS immunology and medical microbiology, 1998, 21(3): 189–195.

[17] Quessy S, Dubreuil J D, Jacques M, et al. Increase of capsular material thickness following in vivo growth of virulent *Streptococcus suis* serotype 2 strains[J]. FEMS microbiology letters, 1994, 115(1): 19–26.

[18] Charland N, Kobisch M, Martineau-Doize B, et al. Role of capsular sialic acid in virulence and resistance to phagocytosis of *Streptococcus suis* capsular type 2[J]. FEMS Immunology medical microbiology, 1996, 14(4): 195–203.

[19] Fittipaldi N, Sekizaki T, Takamatsu D, et al. Significant contribution of the pgdA gene to the

virulence of *Streptococcus suis*[J]. Molecular microbiology, 2008, 70(5): 1120–1135.

[20] Vanier G, Segura M, Gottschalk M. Characterization of the invasion of porcine endothelial cells by *Streptococcus suis* serotype 2[J]. Canadian journal of veterinary research, 2007, 71(2): 81–89.

[21] Fittipaldi N, Sekizaki T, Takamatsu D, et al. D-alanylation of lipoteichoic acid contributes to the virulence of *Streptococcus suis*[J]. Infection and immunity, 2008, 76(8): 3587–3594.

[22] Vecht U, Wisselink H J, Jellema M L, et al. Identification of two proteins associated with virulence of *Streptococcus suis* type 2[J]. Infection and immunity, 1991, 59(9): 3156–3162.

[23] de Greeff A, Buys H, Verhaar R, et al. Contribution of fibronectin-binding protein to pathogenesis of *Streptococcus suis* serotype 2[J]. Infection and immunity, 2002, 70(3): 1319–1325.

[24] Xu L, Huang B, Du H, et al. Crystal structure of cytotoxin protein suilysin from *Streptococcus suis*[J]. Protein & cell, 2010, 1(1): 96–105.

[25] Bonifait L, Dominguez-Punaro M D, Vaillancourt K, et al. The cell envelope subtilisin-like proteinase is a virulence determinant for *Streptococcus suis*[J]. BMC Microbiology, 2010, 10(42): 1471–1478.

[26] Zhang A, Chen B, Li R, et al. Identification of a surface protective antigen, HP0197 of *Streptococcus suis* serotype 2[J]. Vaccine, 2009, 27(38): 5209–5213.

[27] Baums C G, Kaim U, Fulde M, et al. Identification of a novel virulence determinant with serum opacification activity in *Streptococcus suis*[J]. Infection and immunity, 2006, 74(11): 6154–6162.

[28] Kock C, Beineke A, Seitz M, et al. Intranasal immunization with a live *Streptococcus suis* isogenic ofs mutant elicited suilysin-neutralization titers but failed to induce opsonizing antibodies and protection[J]. Veterinary immunology and immunopathology, 2009, 132(2–4): 135–145.

[29] Shao J, Zhang W, Wu Z, et al. The Truncated Major Pilin Subunit Sbp2 of the srtBCD Pilus Cluster Still Contributes to *Streptococcus suis* Pathogenesis in the Absence of Pilus Shaft[J]. Current microbiology, 2014, 69(5): 703–707.

[30] Ge J, Feng Y, Ji H, et al. Inactivation of dipeptidyl peptidase IV attenuates the virulence of *Streptococcus suis* serotype 2 that causes streptococcal toxic shock syndrome[J]. Current microbiology, 2009, 59(3): 248–255.

[31] Wang Y, Zhang W, Wu Z, et al. Functional analysis of luxS in *Streptococcus suis* reveals a key role in biofilm formation and virulence[J]. Veterinary microbiology, 2011, 152(1–2): 151–160.

[32] Ferrando M L, Fuentes S, de Greeff A, et al. ApuA, a multifunctional alpha-glucan-degrading enzyme of *Streptococcus suis*, mediates adhesion to porcine epithelium and mucus[J]. Microbiology (Reading, England), 2010, 156(Pt 9): 2818–2828.

[33] Du B, Ji W, An H, et al. Functional analysis of c-di-AMP phosphodiesterase, GdpP, in *Streptococcus suis* serotype 2[J]. Microbiological research, 2014, 169(9–10): 749–758.

[34] Zhang A, Mu X, Chen B, et al. IgA1 protease contributes to the virulence of *Streptococcus suis*[J]. Veterinary microbiology, 2011, 148(2–4): 436–439.

[35] Seele J, Singpiel A, Spoerry C, et al. Identification of a novel host-specific IgM protease in *Streptococcus suis*[J]. Journal of bacteriology, 2013, 195(5): 930–940.

[36] Han H M, Liu C H, Wang Q H, et al. The two-component system Ihk/Irr contributes to the virulence of *Streptococcus suis* serotype 2 strain 05ZYH33 through alteration of the bacterial cell metabolism[J]. Microbiology Sgm, 2012, 158: 1852–1866.

[37] Wang H, Shen X, Zhao Y, et al. Identification and proteome analysis of the two-component VirR/VirS system in epidemic *Streptococcus suis* serotype 2[J]. FEMS microbiology letters, 2012, 333(2): 160–168.

[38] Li M, Wang C J, Feng Y J, et al. SalK/SalR, a Two-Component Signal Transduction System, Is Essential for Full Virulence of Highly Invasive *Streptococcus suis* Serotype 2[J]. PloS ONE, 2008, 3(5).

[39] Wu T, Chang H, Tan C, et al. The orphan response regulator RevSC21 controls the attachment of *Streptococcus suis* serotype–2 to human laryngeal epithelial cells and the expression of virulence genes[J]. FEMS microbiology letters, 2009, 292(2): 170–181.

[40] Pan X, Ge J, Li M, et al. The orphan response regulator CovR: a globally negative modulator of virulence in *Streptococcus suis* serotype 2[J]. Journal of bacteriology, 2009, 191(8): 2601–2612.

[41] Aranda J, Garrido M E, Fittipaldi N, et al. The cation-uptake regulators AdcR and Fur are necessary for full virulence of *Streptococcus suis*[J]. Veterinary microbiology, 2010, 144(1–2): 246–249.

[42] Feng Y, Li M, Zhang H, et al. Functional definition and global regulation of Zur, a zinc uptake regulator in a *Streptococcus suis* serotype 2 strain causing streptococcal toxic shock syndrome[J]. Journal of bacteriology, 2008, 190(22): 7567–7578.

[43] Zhang T, Ding Y, Li T, et al. A Fur-like protein PerR regulates two oxidative stress response related operons dpr and metQIN in *Streptococcus suis*[J]. BMC microbiology, 2012, 12(85): 1471–1477.

[44] Aranda J, Cortes P, Garrido M E, et al. Contribution of the FeoB transporter to *Streptococcus*

suis virulence[J]. International microbiology, 2009, 12(2): 137–143.

[45] Willenborg J, Fulde M, de Greeff A, et al. Role of glucose and CcpA in capsule expression and virulence of *Streptococcus suis*[J]. Microbiology, 2011, 157(Pt 6): 1823–1833.

[46] Tang Y, Wu W, Zhang X, et al. Catabolite control protein A of *Streptococcus suis* type 2 contributes to sugar metabolism and virulence[J]. Journal of microbiology, 2012, 50(6): 994–1002.

[47] Zheng F, Ji H, Cao M, et al. Contribution of the Rgg transcription regulator to metabolism and virulence of *Streptococcus suis* serotype 2[J]. Infection and immunity, 2011, 79(3): 1319–1328.

[48] Li P, Liu J, Zhu L, et al. VirA: a virulence-related gene of *Streptococcus suis* serotype 2[J]. Microbial pathogenesis, 2010, 49(5): 305–310.

[49] Wu T, Zhao Z Q, Zhang L, et al. Trigger factor of *Streptococcus suis* is involved in stress tolerance and virulence[J]. Microbial pathogenesis, 2011, 51(1–2): 69–76.

[50] Wurtzel O, Sesto N, Mellin J R, et al. Comparative transcriptomics of pathogenic and non-pathogenic Listeria species[J]. Molecular systems biology, 2012, 8: 583.

[51] Sharma C M, Hoffmann S, Darfeuille F, et al. The primary transcriptome of the major human pathogen Helicobacter pylori[J]. Nature, 2010, 464(7286): 250–255.

[52] Waters L S, Storz G. Regulatory RNAs in bacteria[J]. Cell, 2009, 136(4): 615–628.

[53] Toledo-Arana A, Dussurget O, Nikitas G, et al. The Listeria transcriptional landscape from saprophytism to virulence[J]. Nature, 2009, 459(7249): 950–956.

[54] Romby P, Vandenesch F, Wagner E G. The role of RNAs in the regulation of virulence-gene expression[J]. Current opinion in microbiology, 2006, 9(2): 229–236.

[55] Gottesman S, Storz G. Bacterial small RNA regulators: versatile roles and rapidly evolving variations[J]. Cold Spring Harbor perspectives in biology, 2011, 3(12).

[56] Loh E, Dussurget O, Gripenland J, et al. A trans-acting riboswitch controls expression of the virulence regulator PrfA in Listeria monocytogenes[J]. Cell, 2009, 139(4): 770–779.

[57] Storz G, Vogel J, Wassarman K M. Regulation by small RNAs in bacteria: expanding frontiers[J]. Molecular cell, 2011, 43(6): 880–891.

[58] Brantl S, Bruckner R. Small regulatory RNAs from low-GC Gram-positive bacteria[J]. RNA biology, 2014, 11(5): 443–456.

[59] Vogel J, Luisi B F. Hfq and its constellation of RNA[J]. Nature reviews microbiology, 2011, 9(8): 578–589.

[60] Chao Y, Vogel J. The role of Hfq in bacterial pathogens[J]. Current opinion in microbiology, 2010, 13(1): 24–33.

[61] Vanderpool C K, Balasubramanian D, Lloyd C R. Dual-function RNA regulators in bacteria[J]. Biochimie, 2011, 93(11): 1943-1949.

[62] Takeuchi D, Akeda Y, Nakayama T, et al. The contribution of suilysin to the pathogenesis of *Streptococcus suis* meningitis[J]. The Journal of infectious diseases, 2014, 209(10): 1509-1519.

[63] Ribet D, Cossart P. Pathogen-mediated posttranslational modifications: A re-emerging field[J]. Cell, 2010, 143(5): 694-702.

[64] Gottschalk M, Segura M. The pathogenesis of the meningitis caused by *Streptococcus suis*: the unresolved questions[J]. Veterinary Microbiology, 2000, 76(3): 259-272.

[65] Kouki A, Pieters R J, Nilsson U J, et al. Bacterial Adhesion of *Streptococcus suis* to Host Cells and Its Inhibition by Carbohydrate Ligands[J]. Biology, 2013, 2(3): 918-935.

[66] Ferrando M L, de Greeff A, van Rooijen W J, et al. Host-pathogen Interaction at the Intestinal Mucosa Correlates With Zoonotic Potential of *Streptococcus suis*[J]. The Journal of infectious diseases, 2015, 212(1): 95-105.

[67] Esgleas M, Lacouture S, Gottschalk M. *Streptococcus suis* serotype 2 binding to extracellular matrix proteins[J]. FEMS microbiology letters, 2005, 244(1): 33-40.

[68] de Greeff A, Buys H, Verhaar R, et al. Contribution of fibronectin-binding protein to pathogenesis of *Streptococcus suis* serotype 2[J]. Infection and immunity, 2002, 70(3): 1319-1325.

[69] Li W, Wan Y, Tao Z, et al. A novel fibronectin-binding protein of *Streptococcus suis* serotype 2 contributes to epithelial cell invasion and in vivo dissemination[J]. Veterinary microbiology, 2013, 162(1): 186-194.

[70] Vanier G, Sekizaki T, Dominguez-Punaro M C, et al. Disruption of srtA gene in *Streptococcus suis* results in decreased interactions with endothelial cells and extracellular matrix proteins[J]. Veterinary microbiology, 2008, 127(3-4): 417-424.

[71] Kouki A, Haataja S, Loimaranta V, et al. Identification of a novel streptococcal adhesin P (SadP) protein recognizing galactosyl-alpha1-4-galactose-containing glycoconjugates: convergent evolution of bacterial pathogens to binding of the same host receptor[J]. The Journal of biological chemistry, 2011, 286(45): 38854-38864.

[72] Li J, Tan C, Zhou Y, et al. The two-component regulatory system CiaRH contributes to the virulence of *Streptococcus suis* 2[J]. Veterinary microbiology, 2011, 148(1): 99-104.

[73] Zhu H, Huang D, Zhang W, et al. The novel virulence-related gene stp of *Streptococcus suis* serotype 9 strain contributes to a significant reduction in mouse mortality[J]. Microbial pathogenesis, 2011, 51(6): 442-453.

[74] Zheng F, Ji H, Cao M, et al. Contribution of the Rgg transcription regulator to metabolism and virulence of *Streptococcus suis* serotype 2[J]. Infection and immunity, 2011, 79(3): 1319–1328.

[75] Zhang A D, Mu X F, Chen B, et al. IgA1 protease contributes to the virulence of *Streptococcus suis*[J]. Veterinary microbiology, 2011, 148(2–4): 436–439.

[76] Chabot-Roy G, Willson P, Segura M, et al. Phagocytosis and killing of *Streptococcus suis* by porcine neutrophils[J]. Microbial pathogenesis, 2006, 41(1): 21–32.

[77] Pian Y, Wang P, Liu P, et al. Proteomics identification of novel fibrinogen-binding proteins of *Streptococcus suis* contributing to antiphagocytosis[J]. Frontiers in cellular and infection microbiology, 2015, 5:19.

[78] Brinkmann V, Reichard U, Goosmann C, et al. Neutrophil extracellular traps kill bacteria[J]. Science, 2004, 303(5663):1532–1535.

[79] Benga L, Fulde M, Neis C, et al. Polysaccharide capsule and suilysin contribute to extracellular survival of *Streptococcus suis* co-cultivated with primary porcine phagocytes[J]. Veterinary microbiology, 2008, 132(1–2):211–219.

[80] Zhao J, Pan S, Lin L, et al.*Streptococcus suis* serotype 2 strains can induce the formation of neutrophil extracellular traps and evade trapping[J]. FEMS microbiology letters, 2015, 362(6).

[81] de Buhr N, Neumann A, Jerjomiceva N, et al.*Streptococcus suis* DNase SsnA contributes to degradation of neutrophil extracellular traps (NETs) and evasion of NET-mediated antimicrobial activity[J]. Microbiology, 2014, 160(Pt 2):385–395.

[82] Liu P, Pian Y, Li X, et al.*Streptococcus suis* adenosine synthase functions as an effector in evasion of PMN-mediated innate immunity[J]. The Journal of infectious diseases,2014, 210(1):35–45.

[83] Tang Y, Zhang X, Wu W, et al. Inactivation of the sodA gene of *Streptococcus suis* type 2 encoding superoxide dismutase leads to reduced virulence to mice[J]. Veterinary microbiology, 2012, 158(3–4): 360–366.

[84] Xu J, Fu S, Liu M, et al.The two-component system NisK/NisR contributes to the virulence of *Streptococcus suis* serotype 2[J]. Microbiological research, 2014, 169(7–8):541–546.

[85] Gottschalk M, Xu J G, Calzas C, et al. *Streptococcus suis*: a new emerging or an old neglected zoonotic pathogen[J]? Future microbiology, 2010, 5(3): 371–391.

[86] Dominguez-Punaro M C, Segura M, Plante M M, et al. *Streptococcus suis* serotype 2, an important swine and human pathogen, induces strong systemic and cerebral inflammatory responses in a mouse model of infection[J]. The Journal of immunology Immunol, 2007, 179(3): 1842–1854.

[87] Dominguez-Punaro M D, Segura M, Radzioch D, et al. Comparison of the susceptibilities of C57BL/6 and A/J mouse strains to *Streptococcus suis* serotype 2 infection[J]. Infection and immunity, 2008, 76(9): 3901−3910.

[88] Benga L, Fulde M, Neis C, et al.Polysaccharide capsule and suilysin contribute to extracellular survival of *Streptococcus suis* co-cultivated with primary porcine phagocytes[J]. Veterinary microbiology, 2008, 132(1−2):211−219.

[89] Graveline R, Segura M, Radzioch D, et al. TLR2-dependent recognition of *Streptococcus suis* is modulated by the presence of capsular polysaccharide which modifies macrophage responsiveness[J]. International immunology, 2007, 19(4): 375−389.

[90] Segura M, Vanier G, Al-Numani D, et al. Proinflammatory cytokine and chemokine modulation by *Streptococcus suis* in a whole-blood culture system[J]. FEMS immunology and medical microbiology, 2006, 47(1): 92−106.

[91] Lecours M P, Segura M, Lachance C, et al. Characterization of porcine dendritic cell response to *Streptococcus suis*[J]. Veterinary research, 2011, 42: 72.

[92] Tanabe S I, Bonifait L, Fittipaldi N, et al. Pleiotropic effects of polysaccharide capsule loss on selected biological properties of *Streptococcus suis*[J]. Canadian journal of veterinary research, 2010, 74(1): 65−70.

[93] Segura M, Gottschalk M, Olivier M. Encapsulated *Streptococcus suis* inhibits activation of signaling pathways involved in phagocytosis[J]. Infection and immunity, 2004, 72(9): 5322−5330.

[94] Segura M, Gottschalk M. *Streptococcus suis* interactions with the murine macrophage cell line J774: Adhesion and cytotoxicity[J]. Infection and immunity, 2002, 70(8):4312−4322.

[95] Lecours MP, Gottschalk M, Houde M, et al. Critical Role for *Streptococcus suis* Cell Wall Modifications and Suilysin in Resistance to Complement-Dependent Killing by Dendritic Cells[J]. Journal of infectious diseases,2011, 204(6):919−929.

[96] Segura M, Vadeboncoeur N, Gottschalk M. CD14-dependent and -independent cytokine and chemokine production by human THP−1 monocytes stimulated by *Streptococcus suis* capsular type 2[J]. Clinical and experimental immunology, 2002, 127(2): 243−254.

[97] Segura M, Stankova J, Gottschalk M. Heat-killed *Streptococcus suis* capsular type 2 strains stimulate tumor necrosis factor alpha and interleukin−6 production by murine macrophages[J]. Infection and immunity, 1999, 67(9): 4646−4654.

[98] Lun S C, Perez-Casal J, Connor W, et al. Role of suilysin in pathogenesis of *Streptococcus suis* capsular serotype 2[J]. Microbial pathogenesis, 2003, 34(1): 27−37.

[99] Berthelot-Herault F, Gottschalk M, Morvan H, et al. Dilemma of virulence of *Streptococcus suis*: Canadian isolate 89−1591 characterized as a virulent strain using a standardized

experimental model in pigs[J]. Canadian journal of veterinary research, 2005, 69(3): 236-240.

[100] Berthelot-Herault F, Cariolet R, Labbe A, et al. Experimental infection of specific pathogen free piglets with French strains of *Streptococcus suis* capsular type 2[J]. Canadian journal of veterinary research, 2001, 65(3): 196-200.

[101] Vanier G, Fittipaldi N, Slater J D, et al. New putative virulence factors of *Streptococcus suis* involved in invasion of porcine brain microvascular endothelial cells[J]. Microbial pathogenesis, 2009, 46(1): 13-20.

[102] Pan Z, Ma J, Dong W, et al. Novel Variant Serotype of *Streptococcus suis* Isolated from Piglets with Meningitis[J]. Applied and environmental microbiology, 2015, 81(3): 976-985.

[103] Vadeboncoeur N, Segura M, Al-Numani D, et al. Pro-inflammatory cytokine and chemokine release by human brain microvascular endothelial cells stimulated by *Streptococcus suis* serotype 2[J]. FEMS immunology and medical microbiology, 2003, 35(1): 49-58.

[104] Tenenbaum T, Papandreou T, Gellrich D, et al. Polar bacterial invasion and translocation of *Streptococcus suis* across the blood-cerebrospinal fluid barrier in vitro[J]. Cellular microbiology, 2009, 11(2): 323-336.

[105] Willenborg J, Huber C, Koczula A, et al. Characterization of the Pivotal Carbon Metabolism of *Streptococcus suis* Serotype 2 under Ex Vivo and Chemically Defined In Vitro Conditions by Isotopologue Profiling[J]. The Journal of biological chemistry, 2015, 290(9): 5840-5854.

[106] Schneider O, Michel U, Zysk G, et al. Clinical outcome in pneumococcal meningitis correlates with CSF lipoteichoic acid concentrations[J]. Neurology, 1999, 53(7): 1584-1587.

[107] van der Flier M, Geelen S P, Kimpen J L, et al. Reprogramming the host response in bacterial meningitis: how best to improve outcome[J]? Clinical microbiology reviews, 2003, 16(3): 415-429.

[108] Hanisch U K. Microglia as a source and target of cytokines[J]. Glia, 2002, 40(2): 140-155.

[109] Dominguez-Punaro Mde L, Segura M, Contreras I, et al. In vitro characterization of the microglial inflammatory response to *Streptococcus suis*, an important emerging zoonotic agent of meningitis[J]. Infection and immunity, 2010, 78(12): 5074-5085.

[110] Wewer C, Seibt A, Wolburg H, et al. Transcellular migration of neutrophil granulocytes through the blood-cerebrospinal fluid barrier after infection with *Streptococcus suis*[J]. Journal of neuroinflammation, 2011, 8: 51.

[111] Gottschalk M, Higgins R, Quessy S. Dilemma of the virulence of *Strptococcus suis* strains[J]. Journal of clinical microbiology, 1999, 37(12): 4202-4203.

[112] Berthelot-Herault F, Gottschalk M, Morvan H, et al. Dilemma of virulence of *Streptococcus suis*: Canadian isolate 89-1591 characterized as a virulent strain using a standardized

experimental model in pigs[J]. Canadian journal of veterinary research, 2005, 69(3): 236-240.

[113] Vecht U, Wisselink H J, Stockhofe-Zurwieden N, et al. Characterization of virulence of the *Streptococcus suis* serotype 2 reference strain Henrichsen S 735 in newborn gnotobiotic pigs[J]. Veterinary microbiology, 1996, 51(1-2): 125-136.

[114] Dominguez-Punaro Mde L, Segura M, Radzioch D, et al. Comparison of the susceptibilities of C57BL/6 and A/J mouse strains to *Streptococcus suis* serotype 2 infection[J]. Infection and immunity, 2008, 76(9): 3901-3910.

[115] Seitz M, Beineke A, Seele J, et al. A novel intranasal mouse model for mucosal colonization by *Streptococcus suis* serotype 2[J]. Journal of medical microbiology, 2012, 61(Pt 9): 1311-1318.

[116] Williams A E, Blakemore W F, Alexander T J. A murine model of *Streptococcus suis* type 2 meningitis in the pig[J]. Research in veterinary science, 1988, 45(3): 394-399.

[117] Vecht U, Stockhofe-Zurwieden N, Tetenburg B J, et al. Virulence of *Streptococcus suis* type 2 for mice and pigs appeared host-specific[J]. Veterinary microbiology, 1997, 58(1): 53-60.

[118] Vecht U, Arends J P, van der Molen E J, et al. Differences in virulence between two strains of *Streptococcus suis* type Ⅱ after experimentally induced infection of newborn germ-free pigs[J]. American journal of veterinary research, 1989, 50(7): 1037-1043.

[119] Salles M W, Perez-Casal J, Willson P, et al. Changes in the leucocyte subpopulations of the palatine tonsillar crypt epithelium of pigs in response to *Streptococcus suis* type 2 infection[J]. Veterinary immunology and immunopathology, 2002, 87(1-2): 51-63.

[120] Lun S, Willson P J. Expression of green fluorescent protein and its application in pathogenesis studies of serotype 2 *Streptococcus suis*[J]. Journal of microbiological methods, 2004, 56(3): 401-412.

[121] Swildens B, Stockhofe-Zurwieden N, van der Meulen J, et al. Intestinal translocation of *Streptococcus suis* type 2 EF$^+$ in pigs[J]. Veterinary microbiology, 2004, 103(1-2): 29-33.

[122] Pallares F J, Halbur P G, Schmitt C S, et al. Comparison of experimental models for *Streptococcus suis* infection of conventional pigs[J]. Canadian journal of veterinary research, 2003, 67(3): 225-228.

[123] 王姝优, 华修国, 朱建国, 等. 猪链球菌 2 型感染动物模型研究进展[J]. 中国畜牧兽医, 2007, 34(4): 98-100.

[124] van der Sar A M, Appelmelk B J, Vandenbroucke-Grauls C M, et al. A star with stripes: zebrafish as an infection model[J]. Trends in microbiology, 2004, 12(10): 451-457.

[125] Novoa B, Romero A, Mulero V, et al. Zebrafish (Danio rerio) as a model for the study of vaccination against viral haemorrhagic septicemia virus (VHSV)[J]. Vaccine, 2006, 24(31-32): 5806-5816.

[126] Neely M N, Pfeifer J D, Caparon M. Streptococcus-zebrafish model of bacterial pathogenesis[J]. Infection and immunity, 2002, 70(7): 3904−3914.

[127] Lin B, Chen S, Cao Z, et al. Acute phase response in zebrafish upon *Aeromonas salmonicida* and *Staphylococcus aureus* infection: striking similarities and obvious differences with mammals[J]. Molecular immunology, 2007, 44(4): 295−301.

[128] Phelps H A, Neely M N. Evolution of the zebrafish model: from development to immunity and infectious disease[J]. Zebrafish, 2005, 2(2): 87−103.

[129] Miller J D, Neely M N. Zebrafish as a model host for streptococcal pathogenesis[J]. Acta tropica, 2004, 91(1): 53−68.

[130] van der Sar A M, Musters R J, van Eeden F J, et al. Zebrafish embryos as a model host for the real time analysis of *Salmonella typhimurium* infections[J]. Cellular microbiology, 2003, 5(9): 601−611.

[131] Davis J M, Clay H, Lewis J L, et al. Real-time visualization of mycobacterium-macrophage interactions leading to initiation of granuloma formation in zebrafish embryos[J]. Immunity, 2002, 17(6): 693−702.

[132] Lowe B A, Miller J D, Neely M N. Analysis of the polysaccharide capsule of the systemic pathogen *Streptococcus iniae* and its implications in virulence[J]. Infection and immunity, 2007, 75(3): 1255−1264.

[133] Tang F, Zhang W, Lu C. Lysogenic *Streptococcus suis* isolate SS2−4 containing prophage SMP showed increased mortality in zebra fish compared to the wild-type isolate[J]. PLoS ONE, 2013, 8(1): 54227.

[134] Ju C X, Gu H W, Lu C P. Characterization and functional analysis of atl, a novel gene encoding autolysin in *Streptococcus suis*[J]. Journal of bacteriology, 2012, 194(6): 1464−1473.

[135] Wu Z, Zhang W, Lu Y, et al. Transcriptome profiling of zebrafish infected with *Streptococcus suis*[J]. Microbial pathogenesis, 2010, 48(5): 178−187.

[136] 濮俊毅, 黄新新, 陆承平. 用斑马鱼检测猪链球菌 2 型的致病力 [J]. 中国农业科学, 2007, 40(11): 2655−2658.

[137] Bonifait L, Charette S J, Filion G, et al. Amoeba host model for evaluation of *Streptococcus suis* virulence[J]. Applied and environmental microbiology, 2011, 77(17): 6271−6273.

[138] 吴全忠, 田云, 陆承平. 猪链球菌 2 型引致脑炎及败血症的豚鼠模型 [J]. 中国兽医学报, 2002, 22(3): 228−230.

[139] Madsen L W, Aalbaek B, Nielsen O L, et al. Aerogenons infection of microbiologically defined minipigs with *Streptococcus suis* serotype 2.A new model. APMIS:acta pathologica, microbiologica, et immunologica Scandinaica,2001, 109(6) : 421−418.

第三章
流行病学

第一节 流行特点概述

猪链球菌病是由多种链球菌感染引起的一种人畜共患病。其病原主要是猪链球菌,其次是马链球菌兽疫亚种。有关该病的流行病学研究主要集中于猪链球菌,本章针对猪链球菌引起的猪链球菌病展开流行特点的概述。

猪链球菌的流行遍布全球,从北美洲(美国、加拿大)到南美洲(阿根廷),欧洲(英国、荷兰、法国、丹麦、挪威、西班牙和德国),亚洲(中国、泰国、越南、韩国和日本),大洋洲(澳大利亚和新西兰)[1]均有此病原的流行。猪链球菌能感染猪、野猪[2-4]、反刍动物[5,6]、猫[7]、犬[8]、鹿[9]、马[7,10]等。健康猪的鼻腔、扁桃体、上呼吸道、生殖器和消化道都能定殖多种血清型的猪链球菌[1,11,12]。在33个血清型中,1~9型、14型、16型等能引起猪的疾病[13]。其中,2型致病力最强,能感染人并致病或致死[14]。

一、流行病学特点

(一)感染猪的流行特征

猪链球菌主要定殖在猪的上呼吸道,尤其是扁桃体和鼻腔中。在生殖道和消化道中也有定殖。几乎100%的猪场都有携带猪链球菌的动物,该病原是猪的一种重要的细菌性病原。在不同农场,该病的发病率一般小于5%。然而,在缺乏适当的治疗时,死亡率较高,可达到20%。

该病的临床表现各不相同，最为明显的是败血症和脑膜炎，此外还会出现心内膜炎、肺炎和关节炎。而急性感染病例的猪经常会无先兆地突然死亡。该病一般为地方流行性，新疫区及流行初期多为急性败血症和脑炎型，来势凶猛，病程短促，死亡率高；老疫区及流行后期多为关节炎或淋巴结脓肿型，传播缓慢，发病率和死亡率低，但可在猪群中长期流行。

该病一年四季均可发生，但夏秋季节流行严重。各年龄的猪均能感染，但大多在3~12周龄的仔猪暴发流行，尤其在断奶及混群时出现发病高峰。该病主要经呼吸道、消化道和损伤的皮肤感染，体表外伤、断脐、阉割、注射消毒不严等往往造成感染发病。猪链球菌对环境的抵抗力较强[15]。其污染物，如粪肥及注射针头，都可以传播猪链球菌。病原存在于病猪的各实质器官、血液、肌肉、关节和分泌物及排泄物中，病死猪肉、内脏及废弃物处理不当、活猪市场及运输工具的污染等都是造成该病流行的重要因素。拥挤、通风不良、气候骤变、混群、免疫接种等应激因素均可激发该病的发生与流行。昆虫媒介在疾病的传播中也起重要作用[16]，Enright证实苍蝇能在猪场内或不同场间通过机械携带传播该病。其他动物如鸟类作为传染源或传播媒介的重要性仍有待证实[17]。

（二）感染人的流行特征

自1968年第一起人感染猪链球菌的病例在丹麦报道[18]之后，已有超过1 600起人感染病例被报道，在北美洲、南美洲、欧洲、大洋洲和亚洲等国家均有报道（见第一章表1-2）。猪链球菌是越南成人脑膜炎的第一大病原，是泰国成人脑膜炎的第二大病原。能感染人的血清型也由最初的2型，扩大到1型[19]、4型[20]、5型[21]、9型[116]、14型、16型[14, 20, 22-30]、21型[31]和24型[21]。在猪链球菌众多血清型中，2型是人的最主要的病原，致病性最强[14]。

猪链球菌病通过破损皮肤如伤口或擦伤传染给人，也可通过呼吸道传染给人，鼻咽部的损伤可能也是传播途径。感染猪链球菌2型发病的潜伏期为几小时至几天[32]，当其直接通过伤口感染血液时，其潜伏期会极短[26]。人感染该菌会引起脑膜炎、败血症、关节炎、心内膜炎，导致永久性耳聋等后遗症，并可导致死亡[33-36]。人感染猪链球菌患病多为散发，没有明显的季节性，但有报道称该病多发生在高温高湿季节[22, 37-39]，该病的死亡率为3%~26%[14, 40]。

人感染猪链球菌事件通常在养猪量大的国家发生，高发年龄为47~55岁，且多为男性（3.5∶1.0＜男∶女＜6.5∶1.0）[20, 22, 25, 26, 39]。人的感染与职业有密切关系，大部分易感人群是与生猪肉或猪密切接触者，如饲养员、屠宰厂工人，以及从事猪肉销售加工的人群等。与猪或猪肉密切接触的人员比其他人群感染的概率高1 500倍。对2005年四川人感染猪链球菌的风险因素进行的一项匹配病例对照研究显示，宰杀牲畜（OR, 11.9; 95% CI, 3.4~42.8）（OR为比值比，表示病例对照研究中疾病与暴露之间联系强度的指标。95% CI为OR值的95%可信区间。）和处理病死猪（OR, 3.0; 95% CI, 1.0~8.8）都是引发人感染的重要风险因素[41]。据估算，发展中国家的屠宰场工人或饲养人员发生猪链球菌病的概率为3/100 000，而在发达国家这一概率为1.2/100 000。这一数据不包括猪饲养密度极高的东南亚地区[20]。接触病猪或其产品能引起人的感染发病，但中国香港等地的病人据认为有些从未接触过病猪或其产品，也被感染[25, 39, 42]。

脾切除的病人、心脏病病人、糖尿病病人、嗜酒者及恶性肿瘤患者更易感染后发病[43]。脾切除的病人感染猪链球菌后的死亡率为80%[44]；在泰国，75%的猪链球菌病病人嗜酒[45]；而心脏病病人在感染后更易患心内膜炎[37]。但很多的患病病人并没有其他病史，常因感染后的免疫抑制而引发一系列症状[46, 47]。

二、猪链球菌在中国的流行情况

近几年，我国对猪链球菌研究报道也逐渐增多。如1998—1999年江苏省某地部分猪场暴发该病，数万头生猪死亡，还引起25例人感染发病，死亡14例[48]。2005年7月四川省9个地市26个县区先后暴发猪链球菌2型病，生猪发病死亡的同时，与病猪有密切接触的人群感染猪链球菌病的病例报告有215例，死亡38例[26]。

自2005年四川地区猪链球菌病疫情发生以来，我国各地关于猪的猪链球菌感染或发病的报道络绎不绝，如四川[49]、重庆[50]、广东[51]、广西[52]、江苏[53]、安徽[54]等地（详见本书第一章第一节）。因样品采集方便等原因，其中多数报道针对健康猪，健康猪携带的菌株血清型复杂、毒力因子多变，2型不一定为优势血清型，且多数菌株为缺失重要毒力因子的弱毒株[55]，可能是潜在的传染源。

卫生部《全国主要人兽共患病疫情通报》对人-猪链球菌病（2型）流行情况进行月报。对通报总结发现，我国的人-猪链球菌病（2型）流行主要集中在两广和浙江地区，发病季节主要集中在5~11月。我国的人-猪链球菌病（2型）流行有如下特点：涉及地区广，多散发，老疫区较严重，患者多数曾与病猪或产品直接接触。在我国部分欠发达地区，人-猪混居，而且一些散养的病畜常由农民私自宰杀和食用[56]，加大了人的感染机会。

从国内现有报道来看，我国猪链球菌流行存在两个方面的特点：一是发病范围广，并且报道病例数较多；二是发病原因复杂，形式多样，有当地同时出现人和猪感染的病例，也有只报道人发病而未出现动物疫情的，还有猪发病而未见人感染病例的[57]。

三、其他国家的流行情况

（一）美洲

对加拿大2001—2007年临床发病猪中分离的猪链球菌进行血清定型发现，引起猪发病的主要血清型为2型、3型以及一些无法定型的菌株，其次是1/2、4、7、8型[58]。美国的一项研究显示，与猪密切接触的人群猪链球菌抗体阳性率为9.6%，而非接触人群为1.5%[59]，表明在美国的人群猪链球菌感染普遍存在。在美洲，研究者也很关注牛的猪链球菌感染，猪链球菌2、5、9、16和20型都曾在牛的病料中分离到[6]。位于南美洲的巴西曾对猪感染猪链球菌的情况进行调查，引起猪发病的主要血清型为2型、其次是14型和9型[60]。

（二）欧洲

欧洲多个国家都有人或动物感染猪链球菌的报道，而且职业人群携带猪链球菌而不发病的现象普遍。荷兰早在1983年就有猪链球菌2型感染猪引起发病的报道，人的病例更早在1963年[20]。在1987年对9周龄猪的一项调查发现，27%携带猪链球菌2型[61]。英国和丹麦分别在1996年和2008年报道，猪链球菌14型引起猪的发病[30, 62]。

1999年荷兰的一项研究表明，兽医与生猪饲养者的猪链球菌2型抗体阳性率分别为6%和1%[63]；而德国的职业人群上呼吸道的猪链球菌2型分离率为5.3%[64]。不仅接触家猪易感染猪链球菌，野猪也被证明是人的一个重要传染源[65-67]。研究者对德国西北部的野猪携带猪链球菌的情况进行了研究，结果显示，10%的野猪携带猪链球菌2型，且多为epf^* mrp^+ sly^+的毒力型菌株[4]。各地流行的优势血清型不同，自西班牙发病猪分离的猪链球菌主要为2型，其次是1型、1/2型和8型[68, 69]，而在丹麦最常见的也是2型，其次是7型、3型、4型和8型[70]。有研究者对欧洲6个国家的猪链球菌分离株进行了耐药性分析，发现各国菌株多数对四环素（48.0%~92.0%）和红霉素（29.1%~75.0%）耐药，而对青霉素的耐药情况不同，英国、法国和荷兰的菌株均对青霉素敏感，而波兰和葡萄牙的菌株对青霉素不同程度的耐药[71]。

（三）亚洲

猪链球菌病在亚洲是一种重要的人畜共患病，我国的流行情况前文已详述，亚洲其他国家猪链球菌病的流行也较为严重。

越南是猪链球菌疫情较为严重的国家,猪链球菌是引起越南人群细菌性脑膜炎的最主要病原,仅2007年就有50个病例被报道[72]。其原因是98%多的越南家庭普遍消费猪肉,消费者喜欢从潮湿的市场购买生鲜猪肉,加上这一地区猪的猪链球菌感染率较高,从而加大了人感染此病的概率[40]。在越南北部,从四月到十月的温热季节比其他季节的发病率高,而在长年高温天气的南部,此病的发生没有明显的季节性[25]。

泰国报道的人–猪链球菌病例达167个,且除2型外,14型也引起人发病[29],至今共有12例人感染猪链球菌14型的病例。从临床症状来看,14型与2型均较易引起人的脑膜炎和心内膜炎[22]。研究者还针对研究人群的生活习惯、职业影响等一系列风险因素进行分析,发现与猪接触、嗜酒、疾病史等都是人–猪链球菌病发生的显著风险因素[73]。

1994—2006年间,日本共发生7例人–猪链球菌病病例,其中1人死亡,且病原均为2型菌[74]。从发病猪分离的猪链球菌主要为2型,其次是7型、1/2型和3型,并发现20例牛感染猪链球菌的病例[75]。1987—1996年,连续对感染猪的菌株进行耐药性分析,这些菌株对四环素、链霉素和卡那霉素产生多重耐药性,对青霉素很敏感[76]。

韩国未报道过人–猪链球菌病的病例,2001年对屠宰猪的一项调查发现,屠宰生猪扁桃体的猪链球菌分离率为13.8%,且主要为9型、16型、4型和3型[77],引起人发病的主要血清型(2型)并不是健康猪携带该病原的主要血清型。2010年对引起猪多浆膜炎的猪链球菌分析发现,其主要血清型是3型和4型,也并非2型[78]。猪链球菌2型并非猪群感染的优势血清型,这可能是韩国至今未有人发病的原因之一。

(四)大洋洲

在澳大利亚引起猪发病的猪链球菌主要为2型,其次为1型和1/2型[79],而在新西兰1型与2型菌的流行较为常见[80],健康的屠宰场生猪中约73%能检测到2型菌,54%能检测到1型菌[81]。

第二节 流行病学分析方法

流行病学调查是动物疫病防控的基础。科学开展流行病学调查，对于掌握疫病分布情况，分析疫情发生发展规律，开展疫情预测预警，提高动物疫病防控工作的科学性和针对性具有重要意义。动物疫病的流行病学调查包括多种类型和方式的调查。可以是针对某次疫情的紧急流行病学调查，也可以是为掌握某地区疫病流行情况的常规流行病学调查或监测。在调查过程中不仅涉及临床样品的采集和检测，还涉及信息的采集与分析等工作。本节针对猪链球菌病调查相关的一些方法进行解读，为兽医工作者开展此类工作提供参考。

一、流行病学调查设计

在开展流行病学调查工作之前，应根据调查目的、调查对象等，拟定科学合理的流行病学调查方案。农业部发布的农业行业标准《猪链球菌病监测技术规范》（附录8）中，对猪链球菌病监测的定义、监测点的选择、样品采集方法、信息采集表格等都进行了详细的论述，可以此为参考设计具体的流行病学调查或监测方案。

如在屠宰场进行生猪带菌率调查时，可在调查范围内选取屠宰场，以每一季度为采样时间单位，每月在每个屠宰场随机采集90份扁桃体样品，每月用于样品采集的猪至少是来源于3个猪群的屠宰场混群猪（每季共270头，依95%置信区间，估计流行率为20%，允许的误差为5%，整体群的采样数量公式确定样本量），填写采样登记表。屠宰猪不一定要求是本地猪源，但要求来源清楚并详细记录。如遇屠宰猪有肺部急性病变，采集猪肺脏，采集的样品数量单独计算，不计入健康猪的扁桃体样品。样品进行实验室检测后,据每季度扁桃体样品检测情况,计算每季度的屠宰场生猪带菌率,并对急性病变肺脏的病原分离情况进行分析。

二、猪链球菌鉴定

流行病学调查中,病原鉴定是不可或缺的。准确鉴定动物是否感染猪链球菌,是确定疫情发生原因和猪链球菌病流行状况的重要基础。

(一)形态学鉴定

组织触片或病原培养物均可用于形态学鉴定。猪链球菌菌体在显微镜下呈圆形或卵圆形,直径 $1 \sim 2 \mu m$,常排列成链状或成双。革兰染色阳性,老龄的培养物或被吞噬细胞吞噬的细菌染色呈阴性,无鞭毛,多数有荚膜。血琼脂平板上菌落呈灰白色,表面光滑,边缘整齐的小菌落,多数致病菌株具有溶血能力,溶血环的大小和类型因菌株而异。

(二)生化鉴定

细菌对营养物质的分解能力不一致,代谢产物也不尽相同,据此可以设定特定的生化反应,作为鉴定细菌之用。猪链球菌都能发酵葡萄糖、蔗糖,但对乳糖、菊糖、海藻糖、甘露醇、水杨苷、山梨醇、棉子糖、蕈糖等的利用能力则因不同菌种而出现差异。甘露醇发酵试验显示,大多数猪链球菌为阴性,但在血清型为17、19、21的分离株中,有超过70%的菌株为甘露醇阳性[82]。Gottschalk等[83]建议将VP阴性、6.5%NaCl生长阴性、水杨苷阳性、海藻糖阳性等作为猪链球菌的特征性生化反应。

目前,商业化的多项生化鉴定系统并不能完全有效地鉴定出所有的猪链球菌。Robert[82]等研究表明,在分离到的137株猪链球菌中,有将近50%的血清型为9~22型的菌株不能被生化试验鉴定出来。而且,这种常规的生化试验鉴定也会出现较多的假阳性，不能对分离到的菌株进行正确的分型鉴定。由于生化试验结果变化较大，Gottschalk等[84]建议只将生化试验作为补充试验。

(三)聚合酶链式反应(Polymerase Chain Reaction, PCR)

Okwumabua等[85]根据*gdh*这个猪链球菌的看家基因序列，构建了一种猪链球菌的PCR检测方法。使用此方法，14个通过生化反应和血清学被认为是不能鉴定的猪链球菌中，有12个出现了阳性结果。4个属于7型，3个属于2型，5个属于其他型，另外2个菌株属于链球菌的其他属。这些结果表明PCR技术提高了猪链球菌的鉴定能力。此方法虽已广泛使用，但这种PCR方法有时也会漏检某些猪链球菌分离株[86]，而且存在将解没食子酸链球菌(*Streptococcus gallolyticus*)误鉴定为猪链球菌的风险[87]。PCR技术具有简便、快速、敏感性高、特异性好等优点，各种PCR检测方法的建立，为猪链球菌流行病学调查提供有力的工具。

三、血清型分析

根据荚膜多糖抗原性不同可将猪链球菌分为33个血清型。血清型分析是猪链球菌分离株特性分析的一项重要内容。分析方法包括血清学方法和分子生物学方法。

(一)血清学方法

荚膜多糖分子组成和构型的多样化使其结构极为复杂，并具有种和型特异性，可作为血清学分型的基础，血清学方法主要依据猪链球菌表面的荚膜多糖的抗原性不同，以抗原与抗体的特异性反应为基础，使用参考菌株的抗血清进行凝集试验、毛细管沉淀试验等。其中，凝集试验是最广泛使用的方法。通常采用参考菌株的高免多克隆抗体作为定型血清，滴加各血清型的定型血清7~10μL至玻片上，依次挑取37℃培养过夜的血平板上的菌体与定型血清混合轻微晃动，室温下1min内观察结果，若出现肉眼可见的凝集颗粒，即为阳性反应[82]。有些实验室采用葡萄球菌白蛋白（SPA）为载体进行协同凝集试验，将制备的型特异性抗血清制成多价协同凝集用抗原，然后用该混合的抗血清进行协同凝集试验，也能得到较好的结果[88]。

猪链球菌某些血清型细菌间存在单向或双向交叉抗原性。其中，1/2型菌能与1型、2型的血清发生凝集反应[89]，1/2型抗血清也能与1型、2型菌发生凝集反应，但经1/2型菌吸附的2型抗血清不能与2型发生反应，而经1/2型菌吸附的1型抗血清仍能与1型菌发生反应[90]；1型菌既能与1型抗血清凝集，也能与14型抗血清产生凝集反应，14型抗血清经1型菌吸附后可去除与1型菌凝集的特性，但仍能与14型菌发生凝集[5]。这些交叉抗原性可以通过菌体吸附的方法去除，在凝集实验中应特别关注。

一些临床分离株由于缺失荚膜或可产生菌体自凝反应，不能通过血清学方法鉴定。在临床诊断中，某些分离株还会出现复杂的凝集现象，或者不与任何血清型的定型血清发生凝集[91]，其是否属于新血清，则需要进一步深入研究。

（二）分子生物学方法

荚膜多糖的产生是一个复杂过程，是细菌基因组中多个基因表达的糖基转移酶、乙酰转移酶、多糖合成酶和翻转酶等共同作用的结果，这些基因被称为荚膜多糖合成相关基因簇。此基因簇是猪链球菌各血清型鉴别的分子基础。通过筛选荚膜合成相关基因簇中的血清型特异性基因，可建立鉴定各血清型的分子生物学方法，主要是PCR和多重PCR检测方法[91-98]。此外，还可以建立荧光定量PCR方法进行检测[99]。有些研究人员将猪链球菌菌种、血清型、毒力因子的检测放在同一个多重PCR反应中进行[100]，大大节省了流行病学调查的成本，提高了工作效率。

根据流行病学调查的目的，可查阅相关的文献，合成检测引物，进行相应的检测工作。这些方法解决了凝集或协同凝集费时费工、结果难判断的问题，更适于流行病学调查中大量样品的检测，而且在检测无荚膜的菌株方面有很大优势，但也要注意某些菌株在检测中出现假阳性结果。分子生物学方法无法区分2型与1/2型，14型与1型的猪链球菌，他们在PCR检测中呈现相同的结果，因而还需要血清学方法进行确认。

四、基因型分析

现有许多研究表明，相同血清型的不同菌株及不同血清型菌株之间的毒力都存在差异，且相同血清型的菌株并不全导致相同的疾病[101]。因此，流行菌株的基因型分析，对更好地了解猪链球菌的流行病学非常重要。用于猪链球菌基因型分析的方法很多，如多位点序列分型、限制性内切酶分析、限制性片断长度多态性分析、核糖体分型、随机扩增DNA片段多态性分析和脉冲场凝胶电泳等，都已用于猪链球菌研究。其中多位点序列分型是现在应用最多，最简便易行的分析方法。基因型分析可将不同地区的流行菌株进行比较，推测发生流行的源头和原因，以及疫情的发生发展趋势。

（一）多位点序列分型（Multilocus sequence typing，MLST）

多位点序列分型（MLST）是由多位点酶电泳（MLEE）衍生出来的一种分型方法，通过分析多个看家基因（House-keeping gene）的内部片段的核酸序列，从而对菌株的等位基因进行多样性的比较，并将每一组不同的等位基因的排列组合作为一个MLST型构成等位基因图谱（Alleles profile），每个独特的基因型就对应了一个序列型（STs），并且通过比较ST可以发现菌株的相关性。英国华威大学已建立了猪链球菌的MLST数据库（http://ssuis.mlst.net/），通过互联网可以实现全球数据共享，可进行不同实验室的数据参比，有利于全球范围的流行病学的比较与分析（图3-1）。

King等[101]最先建立了猪链球菌的MLST分析方法，对猪链球菌7个看家基因（*cpn60*，*dpr*，*recA*，*aroA*，*thrA*，*gki*，*mutS*）约350bp的序列

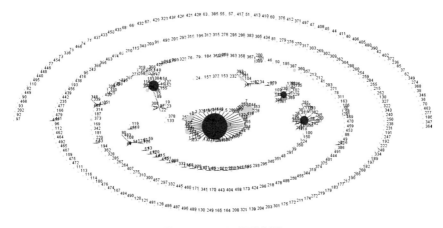

图 3-1 MLST 聚类快照
蓝色代表 ST 群系，黄色是每个 ST 型。

进行测定，每个基因的序列如有1个或1个以上核苷酸的变异，便指定一个序列号。7个看家基因座的序列号构成等位基因谱（STs）。有5个或5个以上相同基因座序列号的归并入一个群系（Lineages，ST complex），从而对猪链球菌进行分型。King等对9个国家的294株菌的7个保守基因进行研究（属于28个血清型），MLST共得到92个不同的STs。STs与血清型的相关性研究发现：18个STs包含多个血清型的分离株，其中有9个是主要的，大部分菌株分布在这9个STs中，血清学实验中存在交叉反应的血清型2型和1/2型、1型和14型分布在ST1，ST27和ST87三个复合群内，另外的6个STs型包含的血清型与其余血清型没有必然联系。同时还发现，不同血清型的分离菌株可以集中于同一个STs内，而同一血清型的菌株也可分散在不同的STs中。STs与毒力的相关性研究发现：ST1复合群中的菌株与败血症、脑膜炎、关节炎关系紧密，而其他ST型的菌株毒力一般较弱或是没有致病性。

（二）限制性片断长度多态性（Restriction fragment length polymorphisms，RFLP）

限制性片段长度多态性分析与其他技术相结合已成功地应用在猪链

球菌流行情况的研究中[102]。其原理是检测DNA在限制性内切酶酶切后形成的特定DNA片段的大小。因此，凡是可以引起酶切位点变异的突变如点突变（新产生和去除酶切位点）和一段DNA的重新组织（如插入和缺失造成酶切位点间的长度发生变化）等均可导致RFLP的产生。限制性内切酶在猪链球菌的遗传研究中具有重要的作用[103,104]。将分离到的猪链球菌基因进行酶切，然后结合其他分子生物学方法对猪链球菌进行研究。不仅能研究猪链球菌的流行病学特征，还可以区分猪群中致病菌株与其他菌株的关系。在酶切的基础上，结合基因指纹技术，不仅能鉴定猪链球菌的致病菌株，并且能追踪致病菌株的传播情况。Jiaqi Tang等（2006）[102]用RFLP对2005年四川的猪链球菌（37株人源SS2，8株猪源SS_2），1998年江苏猪链球菌（3株人源SS2，2株猪源SS2）以及国外的SS2强毒株（S10）进行了研究，结果表明国内分离株的基因型相同，但与国外的S10菌株存在差异。

此外，还有与上述方法相似的PCR-RFLP方法。此方法先扩增被检样品的16~23S基因片段（包括16S基因和23S基因），然后酶切，电泳，观察电泳结果，以此作为分型鉴定的依据。Marois等[105]用RsaⅠ和MboⅡ单酶切或双酶切方法对来自于人和猪的138个分离株进行分型研究。结果显示，双酶切的可信度为0.984，分辨能力优于RsaⅠ单酶切（可信度为0.95），且重复性较好。

（三）脉冲场凝胶电泳（Pulsed-field gel electrophoresis，PFGE）

脉冲场凝胶电泳根据DNA分子的迁移方向会随着电场方向的周期性变化而改变，而且方向改变的幅度与DNA分子的大小有关，从而区分大小不同的DNA。PFGE具有重复性好、分辨力强等特点。

利用PFGE对血清型2、1/2、3、7和9的123株（分别来源于法国猪以及不同国家的人）猪链球菌进行基因多样性研究[106]。基因的多样性研究中共得到了74个PFGE型，将其分为A、B、C三个群，这三个群之间的同源性为60%，以69%的同源性为标准可进一步分a~h成8个亚群；不同来源的猪链球菌基因多样性研究中（发病猪和人），90株猪链球菌发现了55个PFGE，其中77株集中在b、d和e亚群，与B群d亚群的关系最为密切。健康猪体内分离的菌株主要分布在A群的b亚群；在基因多样性与血清型之间的关系研究中，84%（65/77株）的2型分离株分布在b、d和e亚群，不过没有明显的联系。血清型1/2、3、9型分别分布在A群、e亚群和B群；人源链球菌比猪源链球菌具有更高的同源性，26个人源菌株中仅有13个PFGE，而44个2型菌株就存在28个不同的PFGE亚群。不同国家的人源分离株具有相同的PFGE型。不同的猪群之间和同一个猪群中也存在明显的遗传多样性，在所有的农场中不存在相同的脉冲型，但是有些脉冲型却十分流行，这些常见的脉冲型间隔几个月（年）仍能从同群的不同猪体内分离到，从而证明猪链球菌病与某一个或某一些流行株有关。

（四）随机扩增DNA片段多态性（Random amplified polymorphic DNA，RAPD）

RAPD的原理是根据PCR技术，由人工随机合成DNA引物，先进行2个循环的随机扩增，再以低循环扩增的DNA片段作为模板进行多个循环扩增，从而产生一些离散的、可重复的、能反映基因组特征的一些扩增片段。由于RAPD简便、快速、实验成本低，且使用的是多个随机引物，能检测整个基因组，无需了解基因组的信息，从而避免了特异引物设计上的困难。RAPD可作为基因标志用来鉴别生物种群的种株、型，构建世系发育树状图以及用于耐药性研究。

Chatellier等[107]用RAPD研究2型分离株的基因型，用3对引物对不同国家的88株猪链球菌2型分离株（80株猪源菌，8株人源菌）进行RAPD分析，共得到23个RAPD型，人体分离的细菌与猪体内分离的细菌具有相同的RAPD型。RAPD分析后发现致病菌株都呈sly^+ mrp^+ epf^+基因表型，基因型sly^- mrp^- epf^-的菌株具有相同的RAPD。数据表明，RAPD是鉴定sly^+ mrp^+ epf^+基因型致病菌株的有效手段，与其他分型方法相结合能分析人源猪链球菌和猪源猪链球菌之间的演化关系。Martinez等[108]用RAPD研究健康猪体内分离的猪链球菌2型和1/2型的基因多样性，发现猪链球菌1/2型的基因多样性低，猪链球菌2型的基因多样性高；感染猪链球菌1/2型表现出的临床症状与畜群内在因素有关，而感染猪链球菌2型的临床症状则与猪链球菌2型菌株的毒力有关。这一发现证明RAPD不仅能揭示猪链球菌的流行情况，还可以发现感染猪群中猪链球菌的来源以及传播线路。

（五）扩增片段长度多态性分析（Amplified fragment length polymorphism，AFLP）

扩增片段长度多态性（AFLP）是1993年由荷兰Keygene公司的Marc和Pieter发明创建的一种DNA分子标记方法。该方法的原理是对基因组DNA进行限制酶切片段的选择性扩增，使用双链人工接头与基因组DNA的酶切片段相连接，作为扩增反应的模板，通过接头序列和PCR引物3'端的识别进行选择性扩增并进行电泳分离。该方法优点是多态性丰富、不需要知道被测微生物的全基因组序列、不受环境影响、无复等位效应，且具有带纹丰富、用样量少、灵敏度高、高效等优点。不足之处在于所用测序仪较贵，限制了其在一般实验室的推广使用，而且完成一次试验所需的时间大约需要3d。

Rehm等[109]应用AFLP技术对116株已知毒力因子而临床背景不同（包括严重疾病，肺炎，健康携带和人源菌株）的猪链球菌菌株进行分型，并与MLST的分析结果进行对比。系统进化树中A和C两个群有55%的同源性，群A可进一步分为A1和A2两个亚群；AFLP分析显示临床分离的侵袭性菌株主要（69%）分布在A群，该群包含血清型1、2、9三个血清型的菌株，几乎所有sly^+ mrp^+ epf^+ $cps2^+$的2型菌株都集中在A群的A1亚群，1型链球菌同样集中分布在A1亚群。A2亚群主要包含基因表型为mrp^*的9型菌株。B群和D群的大多数菌株都不属于血清型1、2、7、9，C群主要包含血清型7型、肺炎球菌以及mrp^- epf^- sly^-表型的2型链球菌。

（六）利用16S rRNA对SS进行研究

16S rRNA 基因在细菌各种属之间既有高度保守的序列又有相互之间有差异的碱基，因此被用作细菌之间种属鉴定的依据。16S rRNA基因的序列对比作为一种有效的工具能研究细菌的演化关系。

Chatellier[110]测定了猪链球菌35个血清型的16S rRNA序列，相对序列的相似性分析显示的菌株之间的相似程度在93.94%～100%。除去亲缘关系较远的32、33、34型，另外的32个血清型可定为一个群。根据基因的差异，该群32个血清型的32株细菌可进一步分成3个簇：第一簇包括血清1型以及与其进化距离在0.010 4之间的其他25个血清型，在这些血清型中，有相同序列的血清型6、16、18、23、29、31可归为一个亚类，血清型2、12、14、15归为另外一个亚类，另外的3对血清型4和5、1/2和3、17和19可归为第三亚类；第二簇包括与血清1型序列距离在0.013和0.018 8之间的血清型7、9和30；第三簇包括具有相同序列的血清型20、26以及血清型22，这三个血清型与1型的距离在0.026～0.033。这32个血清型16S rRNA的48～91bp为高变区，92～1 468bp是高度保守区。虽然不同种链球菌16S rRNA的差异碱基集中在相对狭小的高变区[46]，但碱基的差异确实存在，并且16S rRNA的碱基序列不随外界条件的变化而改变，因此可以根据16S rRNA对猪链球菌进行基因分型。

五、风险分析

沈朝建等[111]在充分掌握猪链球菌病原生态学特征、传播机理的前提下，根据传染病传播动力学仿真建模基本原理，将猪按各自的特征分为免疫、易感、患病、隐性带菌等不同类群，根据各类群之间相互转化关系，结合实际生产中采取控制策略的不同，建立了考虑免疫、具有年龄阶段结构和考虑病程三种不同的猪链球菌病传播动力学模型，并利用调查获得的实际数据进行拟合，结果显示三种模型与实际数据较为符合,并对不同猪场猪链球菌发病趋势(风险定性)、发病数量(风险定量)进行了预测。通过分析各风险因素单因素或多因素协同作用对疫病发生趋势或基本再生数的影响,发现免疫、抗生素治疗、消毒、隔离等措施对于猪链球菌病控制均有明显效果,但是单因素单独作用不能改变疫病发生趋势,仅能降低疫病发生数量,多因素协同作用可以有效控制疫病,使猪链球菌病呈下降趋势,直至无临床病例出现。上述结论为优化、选择风险管理措施奠定了基础。

第三节　流行病学调查案例

本节针对三种不同类型的猪链球菌病流行病学调查给出案例,以便读者加深对该病流行病学调查的理解。

一、紧急流行病学调查

2005年,四川省出现了严重的猪链球菌2型疫情及人感染死亡事件,累计报告人感染猪链球菌病例215例,其中死亡38例,多地养殖场出现猪的大量发病和死亡。此次疫情的调查过程如下[112]。

2005年7月11日,四川省资阳市雁江区疾控中心接到资阳市第三人民医院报告,该院收治了1例疑似流行性出血热病人,请求调查核实。雁江区疾控中心立即派员到医院进行个案调查。次日,雁江区疾控中心再次接到报告,资阳市第三人民医院又收治1例疑似流行性出血热病人。该区疾控中心再次前往调查,调查过程中第2例病人死亡。

雁江区疾控中心和资阳市第三人民医院进行回顾性调查,发现近半月来，该院共收治4例类似病例，其中2例死亡，1例不详（自己离院），1例尚在治疗中。其中3例病人发生于本区，1例发生于邻县。这些病人均有进食或接触不明原因死亡的猪、羊肉史，临床都表现突发高热、乏力，伴恶心、呕吐，进而出现低血压、晕厥、休克症状，以及面部、上臂、胸部瘀斑等；血象上，白细胞进行性增加、血小板进行性减少、尿蛋白增高。

7月12日19点，雁江区疾控中心向资阳市疾控中心报告了上述情况。资阳市疾控中心派员至医院调查，情况基本相同。此后两日内，就诊新病例和死亡人数增多，四川省疾控中心检测病例血清出血热抗体IgG、IgM阴性，不支持出血热的诊断。7月15日12点，资阳市卫生局向四川省卫生厅电话报告。7月15日，四川省卫生厅组织省疾控中心、省级医院临床专家赴资阳调查，专家组首先到医院对病人的病情和治疗等情况进行了解，再到病人家中，对其周围环境情况进行调查，发现病人或其邻居家猪有死亡现象，采集了死猪的标本，同时采集病人血液、病人家属的血液待检。经过调查和会诊后，专家的意见不一致，部分专家倾向于诊断出血热，部分专家认为发病与病（死）猪羊有关，可以排除出血热。

7月15日晚，四川省卫生厅将该起疫情传真报告卫生部应急办。7月16日，四川省疾控中心使用免疫荧光法，用羊抗人IgG标记病人血清后和病死猪肉进行反应，结果为阳性，提示病人的发病与病死的猪有关系。7月17日，四川省疾控中心第二次派出流行病学调查人员赴现场进行调查，并与市、区疾控中心共同讨论制定病例定义，开展主动搜索病例和个案调查。根据当时的情况，拟订搜索病例的标准为：近期在资阳市雁江区或邻近农村地区，与病（死）猪（羊）有过接触，急性发热并伴有皮肤瘀点、瘀斑等感染性休克症状的病例。

7月17日，四川省疾控中心第二次派出流行病学调查人员赴现场调查资阳市第三人民医院发生的不明原因疫情。首先调查在资阳市第三人民医院及患者邻居中类似的病例存在情况，共发现了7例病例（死亡5

人），并对这些病例进行了个案调查，了解到本次疫情的基本特点。

　　病例发生前，当地农村有猪发病死亡的情况。其中5例发病前宰杀过病（死）猪、羊，2例发病前参与了病死猪（羊）的加工处理；患者发病时间距最近一次宰杀或接触病死猪（羊）时间，最短少于1d，最长达5d。个别病例手、臂部见皮肤破损，伤口发黑，化脓少。另有6名参与宰杀者未发病。参与烹煮食用病、死猪肉的140名村民没有发病。病例的密切接触者，包括家人、邻居、亲属、医务人员、同病房病人等均未出现类似病例；7例病例中，除2例共同接触同一只死羊外，其他病例新近都接触过病死猪。

　　7月19日，卫生部派出专家组，与四川省卫生厅、四川省疾控中心联合调查处置这起疫情。回顾前期的调查工作，专家们意见不一致。

　　同时，四川省动物疫病监测中心从当地病死猪采集了一些脏器和血清样本，进行病原学和血清学检测。7月20日，农业部派出专家组，赴四川进行现场流行病学调查。7月21日，农业部专家组成员、长期从事猪链球菌研究的南京农业大学陆承平教授，依据病死猪的临床症状、流行病学特征、在四川省动物疫病预防控制中心实验室所做的检测结果（包括组织触片显微镜检查、细菌的分离培养、细菌的凝集试验、PCR检测等），结合1998年江苏省发生的人感染猪链球菌事件，判断猪的疫情是由猪链球菌2型引起的。这个判断得到了农业部专家组及农业部的认可。农业部门的判断为卫生部门的流行病学调查提供了方向性的依据，加快了此病的确诊。

　　7月22日晚，卫生部正式向公众公布此次疫情。

　　7月25日，在实验分离、鉴定病原成功的基础上，卫生部确定此次疫情是人感染了猪链球菌2型导致的。当日，卫生部和农业部联合公布了这次疫情的病因，病原是猪链球菌2型，主要感染方式是直接接触病死猪，通过伤口感染，与食用猪肉无关。同时公布了应采取的综合性的预防控制措施，包括防治猪的链球菌病的发生、禁止私自宰杀病死猪等。

二、流行状况的调查

许多研究人员在不同国家开展过系统的猪链球菌病流行状况调查，本书仅列举其中的几个案例。

Gottschalk等[86]在2008—2011年对加拿大魁北克地区开展了一项猪链球菌病流行病学调查。调查对象为这一地区的发病猪，对分离的流行菌株进行了菌株溶血素（SLY）、溶菌酶释放蛋白（MRP）、胞外蛋白因子（EPF）和菌毛的SRTF簇编码这些毒力因子的检测。分离的1 004株菌株中，986株在针对 gdh 基因或16S rRNA基因的特异性PCR检测中均为阳性，确认为猪链球菌。血清型2、3、1/2、4、8和22型占所有分离的猪链球菌菌株的51%。结果证实，相对于欧洲和亚洲国家，北美的2型发病率相对较低。绝大多数血清型2型菌株（96%）属于 mrp^+ $srtF^+$ epf^- sly^-（52%）或 mrp^- $srtF^-$ epf^- sly^-（44%）基因型。

Sánchez等[113]对西班牙部分地区野猪的猪链球菌流行情况进行调查。对鉴定为血清型1、2、7和9型的分离株进行毒力相关基因分型、脉冲场凝胶电泳（PFGE）和多位点序列分型（MLST）等基因特征分析，确定猪链球菌种群结构。检测的野猪中，有39.1%能检出猪链球菌。血清型9型是最常见的（12.5%），其次是1型（2.5%），2型很少分离到（0.3%）。另外18个血清型也被检测到，表明野生野猪中猪链球菌的多样性。这种多样性经PFGE和MLST分析进一步证实。而且大多数菌株的毒力基因型为 mrp^- epf^- sly^-。该调查显示野猪中猪链球菌的流行很普遍。但MLST数据表明，这些菌株与在欧洲引起猪或人感染的ST1、ST16、ST61和ST87型无关。

三、健康猪带菌情况调查

屠宰场分点随机采样的方法对表观健康猪的猪链球菌带菌情况进行监测，是猪链球菌病流行病学调查的常用方法，该方法具有简易方便的优点,已被很多国家应用。猪链球菌自然存在于上呼吸道[114],尤其是扁桃体和鼻腔中。猪群中的感染,多是由引入腭扁桃体带有病原体的表观健康猪引起,而存在于腭扁桃体上的猪链球菌的血清型非常多变。许多科研工作者都曾对屠宰场屠宰猪的猪链球菌带菌情况进行调查。

王楷宬等[115]对我国屠宰场生猪的猪链球菌带菌情况进行了调查。通过血清凝集的方法,发现我国屠宰场生猪中存在血清型1、2、3、4、7、9、10、11、12、13、14、15、16、22、23、25、26、28、29和1/2型的猪链球菌。其中,7型最为流行。毒力因子分析结果显示,流行菌株主要为mrp^- epf^- sly^-毒力型。并且首次发现了具有mrp和/或epf基因的血清型7型和9型菌株,但这两种毒力因子在这些菌株中并不表达。多位点序列分型中,发现13种新的ST型。发现在我国的屠宰场生猪的猪链球菌分离株中,ST1 complex和ST27 complex最为流行。

Marois等[11]用针对猪链球菌2型(1/2型)的多重PCR、脉冲场电泳和16S–23S rDNA间隔基因区域限制性片断长度多态性(ISR–RFLP)分析方法,对法国健康猪群的猪链球菌流行菌株进行分析。研究人员从8个有猪链球菌2型引起败血症历史的猪场,采集扁桃体样品进行检测分析。分离的菌株中,有58%不能用荚膜分型的方法进行分型。在17个检测到的血清型中,22型最为流行。分子生物学分析结果显示,这些猪场中分离的猪链球菌2型菌株有一个共同的来源,在6个猪场中检测到了同一种分子型(C1)的菌株。

参考文献

[1] Staats J J, Feder I, Okwumabua O, et al. *Streptococcus suis:* past and present [J]. Veterinary research communications, 1997, 21 (6): 381–407.

[2] Higgins R, Lagace A, Messier S, et al. Isolation of *Streptococcus suis* from a young wild boar [J]. Canadian Veterinary Journal, 1997, 38 (2): 114.

[3] Seol B, Naglic T, Vrbanac I. Isolation of *Streptococcus suis* capsular type 3 from a young wild boar (*Sus scrofa*) [J]. Veterinary record, 1998, 143 (24): 664.

[4] Baums C G, Verkuhlen G J, Rehm T, et al. Prevalence of *Streptococcus suis* genotypes in wild boars of Northwestern Germany[J]. Applied and environmental microbiolgy, 2007, 73 (3): 711–717.

[5] Gottschalk M, Higgins R, Jacques M, et al. Description of 14 new capsular types of *Streptococcus suis*[J]. Journal of clinical microbiology, 1989, 27 (12): 2633–2636.

[6] Higgins R, Gottschalk M, Fecteau G, et al. Quebec Isolation of *Streptococcus suis* from cattle[J]. Canadian veterinary journal, 1990, 31 (7): 529.

[7] Devriese L A, Haesebrouck F. *Streptococcus suis* infections in horses and cats[J]. Veterinary record, 1992, 130 (17): 380.

[8] Keymer I F, Heath S E, Wood J G. *Streptococcus suis* type Ⅱ infection in a raccoon dog (Nyctereutes procyonoides) family Canidae[J]. Veterinary record, 1983, 113 (26–27): 624.

[9] Devriese L A, Desmidt M, Roels S, et al. *Streptococcus suis* infection in fallow deer[J]. Veterinary record, 1993, 132 (11): 283.

[10] Devriese L A, Sustronck B, Maenhout T, et al. *Streptococcus suis* meningitis in a horse[J]. Veterinary record, 1990, 127 (3): 68.

[11] Marois C, Le Devendec L, Gottschalk M, et al. Detection and molecular typing of *Streptococcus suis* in tonsils from live pigs in France[J]. Canadian journal of veterinary researlh, 2007, 71 (1): 14–22.

[12] Baddeley P G. *Streptococcus suis* infection[J]. Occupational medicine (Oxford, England), 1995, 45 (4): 222.

[13] Gottschalk M, Segura M, Xu J. *Streptococcus suis* infections in humans: the Chinese experience and the situation in North America[J]. Animal health research reviews, 2007, 8 (1): 29–45.

[14] Lun Z R, Wang Q P, Chen X G, et al. *Streptococcus suis*: an emerging zoonotic pathogen[J]. Lancet infectious diseases, 2007, 7 (3): 201–209.

[15] 陆承平.兽医微生物学第五版[M]. 北京：中国农业出版社，2003：87–88.

[16] Robertson I D, Blackmore D K, Hampson D J, et al. A longitudinal study of natural infection of piglets with *Streptococcus suis* types 1 and 2[J]. Epidemiology and infection, 1991, 107 (1): 119–126.

[17] Enright M R, Alexander T J, Clifton-Hadley F A. Role of houseflies (*Musca domestica*) in the epidemiology of *Streptococcus suis* type 2[J]. Veterinary record, 1987, 121 (6): 132–133.

[18] Perch B, Kristjansen P, Skadhauge K. Group R streptococci pathogenic for man: Two cases of meningitis and one fatal case of sepsis[J]. Acta pathoiogica et microbiologica scandinavia acta

pathol microbiol scand, 1968, 74 (1): 69-76.

[19] Vilaichone R K, Vilaichone W, Nunthapisud P, et al. *Streptococcus suis* infection in Thailand[J]. Journal of the medical association of Thailand , 2002, 85 Suppl 1: S109-117.

[20] Arends J P, Zanen H C. Meningitis caused by *Streptococcus suis* in humans[J]. Reviews of infectious diseases, 1988, 10 (1): 131-137.

[21] Kerdsin A, Dejsirilert S, Sawanpanyalert P, et al. Sepsis and spontaneous bacterial peritonitis in Thailand[J]. Lancet, 2011, 378 (9794): 960.

[22] Wangkaew S, Chaiwarith R, Tharavichitkul P, et al. *Streptococcus suis* infection: a series of 41 cases from Chiang Mai University Hospital[J]. Journal of infection, 2006, 52 (6): 455-460.

[23] Watkins E J, Brooksby P, Schweiger M S, et al. Septicaemia in a pig-farm worker[J]. Lancet, 2001, 357 (9249): 38.

[24] Willenburg K S, Sentochnik D E, Zadoks R N. Human *Streptococcus suis* meningitis in the United States[J]. New England journal of medicine , 2006, 354 (12): 1325.

[25] Mai N T, Hoa N T, Nga T V, et al. *Streptococcus suis* meningitis in adults in Vietnam[J]. Clinical infectious diseases, 2008, 46 (5): 659-667.

[26] Yu H, Jing H, Chen Z, et al. Human *Streptococcus suis* outbreak, Sichuan, China[J]. Emerging infectious diseases, 2006, 12 (6): 914-920.

[27] Nghia H D, Hoa N T, Linh le D, et al. Human case of *Streptococcus suis* serotype 16 infection[J]. Emerging infectious diseases, 2008, 14 (1): 155-157.

[28] Haleis A, Alfa M, Gottschalk M, et al. Meningitis caused by *Streptococcus suis* serotype 14, North America[J]. Emerging infectious diseases, 2009, 15 (2): 350-352.

[29] Kerdsin A, Oishi K, Sripakdee S, et al. Clonal dissemination of human isolates of *Streptococcus suis* serotype 14 in Thailand[J]. Journal of medical microbiology, 2009, 58 (Pt 11): 1508-1513.

[30] Poggenborg R, Gaini S, Kjaeldgaard P, et al. *Streptococcus suis*: meningitis, spondylodiscitis and bacteraemia with a serotype 14 strain[J]. Scandinavian journal of infectious diseases, 2008, 40 (4): 346-349.

[31] Callejo R, Prieto M, Salamone F, et al. Atypical *Streptococcus suis* in man, Argentina, 2013[J]. Emerging infectious diseases, 2014, 20 (3): 500-502.

[32] Fongcom A, Pruksakorn S, Mongkol R, et al. *Streptococcus suis* infection in northern Thailand[J]. Journal of the medical association of Thailanol, 2001, 84 (10): 1502-1508.

[33] Trottier S, Higgins R, Brochu G, et al. A case of human endocarditis due to *Streptococcus suis* in North America[J]. Reviews of infectious diseases, 1991, 13 (6): 1251-1252.

[34] Gao Z Y, Zhuang H. Human infection due to *Streptococcus suis*[J]. Zhonghua Liu Xing Bing

Xue Za Zhi, 2005, 26 (9): 645-648.

[35] Dominguez-Punaro M C, Segura M, Plante M M, et al. *Streptococcus suis* serotype 2, an important swine and human pathogen, induces strong systemic and cerebral inflammatory responses in a mouse model of infection[J]. Journal of immunology, 2007, 179 (3): 1842-1854.

[36] Feng P, Tan M Z, Chen Z H, et al. Clinical features and outcome of infection of type 2 *Streptococcus suis* in human[J]. Sichuan Da Xue Xue Bao Yi Xue Ban, 2007, 38 (5): 874-878.

[37] Huang Y T, Teng L J, Ho S W, et al. *Streptococcus suis* infection[J]. Journal of microbiology immunology and infection, 2005, 38 (5): 306-313.

[38] Navacharoen N, Chantharochavong V, Hanprasertpong C, et al. Hearing and vestibular loss in *Streptococcus suis* infection from swine and traditional raw pork exposure in northern Thailand[J]. Journal of laryngdogy and otology, 2009, 123 (8): 857-862.

[39] Kay R, Cheng A F, Tse C Y. *Streptococcus suis* infection in Hong Kong[J]. QJM, 1995, 88 (1): 39-47.

[40] Wertheim H F, Nghia H D, Taylor W, et al. *Streptococcus suis*: an emerging human pathogen[J]. Clinical infectious diseases, 2009, 48 (5): 617-625.

[41] Yu H J, Liu X C, Wang S W, et al. Matched case-control study for risk factors of human *Streptococcus suis* infection in Sichuan Province, China[J]. Zhonghua Liu Xing Bing Xue Za Zhi, 2005, 26 (9): 636-639.

[42] Ip M, Fung K S, Chi F, et al. *Streptococcus suis* in Hong Kong[J]. Diagnostic microbiology and infectious disease, 2007, 57 (1): 15-20.

[43] Halaby T, Hoitsma E, Hupperts R, et al. *Streptococcus suis* meningitis, a poacher's risk[J]. European journal of chinical microbiology and infectious diseases, 2000, 19 (12): 943-945.

[44] Gallagher F. *Streptococcus* infection and splenectomy[J]. Lancet, 2001, 357 (9262): 1129-1130.

[45] Suankratay C, Intalapaporn P, Nunthapisud P, et al. *Streptococcus suis* meningitis in Thailand[J]. Southeast asian journal of tropical medicine & public health, 2004, 35 (4): 868-876.

[46] Nagel A, Manias V, Busquets N, et al. *Streptococcus suis* meningitis in an immunocompetent patient[J]. Revista argentina de microbiologia, 2008, 40 (3): 158-160.

[47] van de Beek D, Spanjaard L, de Gans J. *Streptococcus suis* meningitis in the Netherlands[J]. Journal of infection, 2008, 57 (2): 158-161.

[48] 姚火春, 陈国强, 陆承平. 猪链球菌1998分离株病原特性鉴定[J]. 南京农业大学学报, 1999,22(4): 67-70.

[49] 罗隆泽, 王鑫, 崔志刚, 等. 四川资阳地区健康猪2型猪链球菌分离与分子生物学特征分析[J]. 中国人兽共患病学报, 2009,25(9): 842-845.

[50] 王楷宬, 熊忠良, 尚延明, 等. 重庆地区表观健康猪的猪链球菌的检测 [J]. 畜牧兽医学报, 2010,41(5): 594−599.

[51] 李春玲, 余炜烈, 贾爱卿, 等. 应用多重 PCR 检测屠宰猪扁桃体中的猪链球菌 [J]. 中国预防兽医学报, 2008,30(5): 343−348.

[52] 熊毅, 覃芳芸, 白昀, 等. 广西猪链球菌 2 型的分离及 PCR 鉴定 [J]. 广西农业科学, 2006,37(4): 449−451.

[53] 吕立新, 何孔旺, 倪艳秀, 等. 从正常屠宰猪扁桃体中分离到致病性猪链球菌 2 型 [J]. 中国人兽共患病学报, 2008,24(4): 379−383.

[54] 江定丰, 曹晋蓉, 詹松鹤, 等. 猪链球菌 2 型安徽株的分离鉴定与药物敏感试验 [J]. 畜牧与兽医, 2007,39(6): 48−50.

[55] Wei Z, Li R, Zhang A, et al. Characterization of *Streptococcus suis* isolates from the diseased pigs in China between 2003 and 2007[J]. Veterinary microbiology, 2009, 137 (1−2): 196−201.

[56] Sriskandan S, Slater J D. Invasive disease and toxic shock due to zoonotic *Streptococcus suis*: an emerging infection in the East?[J]. PLoS medicine, 2006, 3 (5): e187.

[57] 江定丰, 陈灵芝. 猪链球菌 2 型感染猪和人的现状及研究进展 [J]. 动物医学进展, 2008,29(5): 82−85.

[58] Messier S, Lacouture S, Gottschalk M. Distribution of *Streptococcus suis* capsular types from 2001 to 2007[J]. Canadian veterinary journal, 2008, 49 (5): 461−462.

[59] Smith T C, Capuano A W, Boese B, et al. Exposure to *Streptococcus suis* among US swine workers[J]. Emerging infectious diseases, 2008, 14 (12): 1925−1927.

[60] Costa A T, Lobato F C, Abreu V L, et al. Serotyping and evaluation of the virulence in mice of *Streptococcus suis* strains isolated from diseased pigs[J]. Revista do instituto de medicina tropical de sao paulo, 2005, 47 (2): 113−115.

[61] van Leengoed L A, Vecht U, Verheyen E R. *Streptococcus suis* type 2 infections in pigs in the Netherlands (Part two)[J]. Veterinary quarterly, 1987, 9 (2): 111−117.

[62] Heath P J, Hunt B W, Duff J P, et al. *Streptococcus suis* serotype 14 as a cause of pig disease in the UK[J]. Veterinary record, 1996, 139 (18): 450−451.

[63] Elbers A R, Vecht U, Osterhaus A D, et al. Low prevalence of antibodies against the zoonotic agents *Brucella abortus, Leptospira* spp., *Streptococcus suis* serotype II, hantavirus, and lymphocytic choriomeningitis virus among veterinarians and pig farmers in the southern part of The Netherlands[J]. Veterinary quarterly, 1999, 21 (2): 50−54.

[64] Strangmann E, Froleke H, Kohse K P. Septic shock caused by *Streptococcus suis*: case report and investigation of a risk group[J]. International journal of hygiene and environmental health, 2002, 205 (5): 385−392.

[65] Rosenkranz M, Elsner H A, Sturenburg H J, et al. *Streptococcus suis* meningitis and septicemia contracted from a wild boar in Germany[J]. Journal of neurology, 2003, 250 (7): 869–870.

[66] Pedroli S, Kobisch M, Beauchet O, et al. *Streptococcus suis* bacteremia[J]. Presse medicine, 2003, 32 (13 Pt 1): 599–601.

[67] Bensaid T, Bonnefoi-Kyriacou B, Dupel-Pottier C, et al. *Streptococcus suis* meningitis following wild boar hunting[J]. Presse medicine, 2003, 32 (23): 1077–1078.

[68] Prieto C, Pena J, Suarez P, et al. Isolation and distribution of *Streptococcus suis* capsular types from diseased pigs in Spain[J]. Zentralblatt für verkehrs-medizin B, 1993, 40 (8): 544–548.

[69] Tarradas C, Perea A, Vela A I, et al. Distribution of serotypes of *Streptococcus suis* isolated from diseased pigs in Spain[J]. Veterinary record, 2004, 154 (21): 665–666.

[70] Aarestrup F M, Jorsal S E, Jensen N E. Serological characterization and antimicrobial susceptibility of *Streptococcus suis* isolates from diagnostic samples in Denmark during 1995 and 1996[J]. Veterinary microbiology, 1998, 60 (1): 59–66.

[71] Hendriksen R S, Mevius D J, Schroeter A, et al. Occurrence of antimicrobial resistance among bacterial pathogens and indicator bacteria in pigs in different European countries from year 2002—2004: the ARBAO-II study[J]. Acta veterinary scandinavica, 2008, 50: 19.

[72] Wertheim H F, Nguyen H N, Taylor W, et al. *Streptococcus suis*, an important cause of adult bacterial meningitis in northern Vietnam[J]. PLoS ONE, 2009, 4 (6): e5973.

[73] Wangsomboonsiri W, Luksananun T, Saksornchai S, et al. *Streptococcus suis* infection and risk factors for mortality[J]. Journal of infection, 2008, 57 (5): 392–396.

[74] Chang B, Wada A, Ikebe T, et al. Characteristics of *Streptococcus suis* isolated from patients in Japan[J]. Japanese journal of infectious diseases, 2006, 59 (6): 397–399.

[75] Kataoka Y, Sugimoto C, Nakazawa M, et al. The epidemiological studies of *Streptococcus suis* infections in Japan from 1987 to 1991[J]. Journal of veterinary medical science, 1993, 55 (4): 623–626.

[76] Kataoka Y, Yoshida T, Sawada T. A 10-year survey of antimicrobial susceptibility of *Streptococcus suis* isolates from swine in Japan[J]. Journal of veterinary medical science, 2000, 62 (10): 1053–1057.

[77] Han D U, Choi C, Ham H J, et al. Prevalence, capsular type and antimicrobial susceptibility of *Streptococcus suis* isolated from slaughter pigs in Korea[J]. Canadian journal of veterinary research, 2001, 65 (3): 151–155.

[78] Kim D, Han K, Oh Y, et al. Distribution of capsular serotypes and virulence markers of *Streptococcus suis* isolated from pigs with polyserositis in Korea[J]. Canadian journal of veterinary research, 2010, 74 (4): 314–316.

[79] Hampson D J, Trott D J, Clarke I L, et al. Population structure of Australian isolates of

Streptococcus suis[J]. Journal of clinical mircrobiology, 1993, 31 (11): 2895–2900.

[80] Robertson I D. The isolation of *Streptococcus suis* types 1 and 2 from pigs in New Zealand[J]. New Zealand veterinary journal, 1985, 33 (9): 148.

[81] Robertson I D, Blackmore D K. Prevalence of *Streptococcus suis* types 1 and 2 in domestic pigs in Australia and New Zealand[J]. Veterinary record, 1989, 124 (15): 391–394.

[82] Higgins R, Gottschalk M. An update on *Streptococcus suis* identification[J]. Journal of veterinary diagnostic investigation, 1990, 2 (3): 249–252.

[83] Tarradas C, Arenas A, Maldonado A, et al. Identification of *Streptococcus suis* isolated from swine: proposal for biochemical parameters[J]. Journal of clinical microbiology, 1994, 32 (2): 578–580.

[84] Gottschalk M, Higgins R, Jacques M, et al. Isolation and characterization of *Streptococcus suis* capsular types 9–22[J]. Journal of veterinary diagnostic investigation, 1991, 3 (1): 60–65.

[85] Okwumabua O, O'Connor M, Shull E. A polymerase chain reaction (PCR) assay specific for *Streptococcus suis* based on the gene encoding the glutamate dehydrogenase[J]. FEMS microbiology letters, 2003, 218 (1): 79–84.

[86] Gottschalk M, Lacouture S, Bonifait L, et al. Characterization of *Streptococcus suis* isolates recovered between 2008 and 2011 from diseased pigs in Quebec, Canada[J]. Veterinary microbiology, 2013, 162 (2–4): 819–825.

[87] Tien le H T, Sugiyama N, Duangsonk K, et al. Phenotypic and PCR-based identification of bacterial strains isolated from patients with suspected *Streptococcus suis* infection in northern Thailand[J]. Japanese journal of infections diseases, 2012, 65 (2): 171–174.

[88] Gottschalk M, Higgins R, Boudreau M. Use of polyvalent coagglutination reagents for serotyping of *Streptococcus suis*[J]. Journal of clinical microbiology, 1993, 31 (8): 2192–2194.

[89] Perch B, Pedersen K B, Henrichsen J. Serology of capsulated streptococci pathogenic for pigs: six new serotypes of *Streptococcus suis*[J]. Journal of clinical microbiology, 1983, 17 (6): 993–996.

[90] Perch B, Kjems E, Slot P, et al. Biochemical and serological properties of R, S, and RS streptococci[J]. Acta pathologica et microbiologica scandinavica section B, 1981, 89 (3): 167–171.

[91] Wang K, Sun X, Lu C. Development of rapid serotype-specific PCR assays for eight serotypes of *Streptococcus suis*[J]. Journal of clinical microbiology, 2012, 50 (10): 3329–3334.

[92] Kerdsin A, Akeda Y, Hatrongjit R, et al. *Streptococcus suis* Serotyping by a New Multiplex PCR[J]. Journal of medical microbiology, 2014, 63(Pt6): 824–830.

[93] Okura M, Lachance C, Osaki M, et al. Development of a Two-Step Multiplex PCR Assay for Typing of Capsular Polysaccharide Synthesis Gene Clusters of *Streptococcus suis*[J]. Journal of clinical microbiology, 2014, 52 (5): 1714–1719.

[94] Liu Z, Zheng H, Gottschalk M, et al. Development of multiplex PCR assays for the identification of the 33 serotypes of *Streptococcus suis*[J]. PLoS ONE, 2013, 8 (8): 72070.

[95] Kerdsin A, Dejsirilert S, Akeda Y, et al. Fifteen *Streptococcus suis* serotypes identified by multiplex PCR[J]. Journal of medical microbiology, 2012, 61 (Pt 12): 1669–1672.

[96] Wang K, Fan W, Wisselink H, et al. The cps locus of *Streptococcus suis* serotype 16: development of a serotype-specific PCR assay[J]. Veterinary microbiology, 2011, 153 (3–4): 403–406.

[97] Smith H E, van Bruijnsvoort L, Buijs H, et al. Rapid PCR test for *Streptococcus suis* serotype 7[J]. FEMS microbiology letters, 1999, 178 (2): 265–270.

[98] Smith H E, Veenbergen V, van der Velde J, et al. The cps genes of *Streptococcus suis* serotypes 1, 2, and 9: development of rapid serotype-specific PCR assays[J]. Journal of clinical microbiology, 1999, 37 (10): 3146–3152.

[99] Nga T V, Nghia H D, Tu le T P, et al. Real-time PCR for detection of *Streptococcus suis* serotype 2 in cerebrospinal fluid of human patients with meningitis[J]. Diagnostic microbiology and infectious disease, 2011, 70 (4): 461–467.

[100] Wisselink H J, Joosten J J, Smith H E. Multiplex PCR assays for simultaneous detection of six major serotypes and two virulence-associated phenotypes of *Streptococcus suis* in tonsillar specimens from pigs[J]. Journal of clinical microbiology, 2002, 40 (8): 2922–2929.

[101] King S J, Leigh J A, Heath P J, et al. Development of a multilocus sequence typing scheme for the pig pathogen *Streptococcus suis*: identification of virulent clones and potential capsular serotype exchange[J]. Journal of clinical microbiology, 2002, 40 (10): 3671–3680.

[102] Tang J, Wang C, Feng Y, et al. Streptococcal toxic shock syndrome caused by *Streptococcus suis* serotype 2[J]. PLoS medicine, 2006, 3 (5): e151.

[103] Mogollon J D, Pijoan C, Murtaugh M P, et al. Characterization of prototype and clinically defined strains of *Streptococcus suis* by genomic fingerprinting[J]. Journal of clinical microbiology 1990, 28 (11): 2462–2466.

[104] Mogollon J D, Pijoan C, Murtaugh M P, et al. Identification of epidemic strains of *Streptococcus suis* by genomic fingerprinting[J]. Journal of clinical microbiology, 1991, 29 (4): 782–787.

[105] Marois C, Le Devendec L, Gottschalk M, et al. Molecular characterization of *Streptococcus suis* strains by 16S–23S intergenic spacer polymerase chain reaction and restriction fragment length polymorphism analysis[J]. Canidian journal of veterinary research, 2006, 70 (2): 94–104.

[106] Berthelot-Herault F, Marois C, Gottschalk M, et al. Genetic diversity of *Streptococcus suis* strains isolated from pigs and humans as revealed by pulsed-field gel electrophoresis[J]. Journal of clinical microbiology, 2002, 40 (2): 615–619.

[107] Chatellier S, Gottschalk M, Higgins R, et al. Relatedness of *Streptococcus suis* serotype 2 isolates from different geographic origins as evaluated by molecular fingerprinting and phenotyping[J]. Journal of clinical microbiology, 1999, 37 (2): 362–366.

[108] Martinez G, Harel J, Lacouture S, et al. Genetic diversity of *Streptococcus suis* serotypes 2 and 1/2 isolates recovered from carrier pigs in closed herds[J]. Canidian journal of veterinary research, 2002, 66 (4): 240–248.

[109] Rehm T, Baums C G, Strommenger B, et al. Amplified fragment length polymorphism of *Streptococcus suis* strains correlates with their profile of virulence-associated genes and clinical background[J]. Journal of medical microbiology, 2007, 56 (Pt 1): 102–109.

[110] Chatellier S, Harel J, Zhang Y, et al. Phylogenetic diversity of *Streptococcus suis* strains of various serotypes as revealed by 16S rRNA gene sequence comparison[J]. International journal of systematic bacteriology, 1998, 48 Pt 2: 581–589.

[111] Shen CJ, Li MT, Zhang W, et al. Modeling Transmission Dynamics of *Streptococcus suis* with Stage Structure and Sensitivity Analysis[J]. Discrete Dynamics in Nature and Society, 2014, 2014: 1–10.

[112] 陈继明，黄保续. 重大动物疫病流行病学调查指南[M]. 北京：中国农业科学技术出版社，2009：264–271.

[113] Sanchez Del Rey V, Fernandez-Garayzabal J F, Mentaberre G, et al. Characterisation of *Streptococcus suis* isolates from wild boars (*Sus scrofa*)[J]. Veterinary journal, 2014, 200 (3): 464–467.

[114] Clifton-Hadley F A, Alexander T J. The carrier site and carrier rate of *Streptococcus suis* type II in pigs[J]. Veterinary record, 1980, 107 (2): 40–41.

[115] Wang K, Zhang W, Li X, et al. Characterization of *Streptococcus suis* isolates from slaughter swine[J]. Current microbiology, 2013, 66 (4): 344–349.

[116] Kerdsin A, Hatrongjit R, Gottschalle M, et al. Emergence of *Streptococcus suis* serotype 9 infection in humans [J]. Journal of microbiology, immunology and infection, 2015, 20. doi :10.1016/j·jmii.2015.06.oll.

猪链球菌病 SWINE STREPTOCOCCOSIS

第四章
耐 药 性

抗生素的发现和抗菌药的合成为人和动物感染性疾病的治疗做出了巨大贡献。根据作用机制可以将现有的抗菌药物分为以下几类：① 抑制细菌细胞壁肽聚糖合成的抗菌药：如β内酰胺类和糖肽类抗生素；② 影响细菌细胞膜通透性的抗菌药：如氨基糖苷类抗生素和多黏菌素；③ 抑制细菌蛋白质合成的抗菌药：如氨基糖苷类、四环素类、大环内酯类和酰胺醇类抗生素等；④ 抑制细菌DNA和RNA复制的抗菌药：如喹诺酮类抗菌药和利福平等；⑤ 抑制细菌叶酸代谢的抗菌药：如磺胺类抗菌药。然而，抗生素或抗菌药的广泛应用和滥用，使细菌耐药性问题成为全球关注的焦点，尤其高度耐药的"超级细菌"的出现敲响了警钟。本章将概述猪链球菌的耐药性流行情况、耐药性产生和传播机制的研究进展等。

第一节　耐药性流行情况

第一例人感染猪链球菌病例发生在1968年的丹麦[1]，此后不久便发现了对青霉素、链霉素、新霉素、四环素和红霉素等耐药的猪链球菌菌株[2-5]。迄今为止，猪链球菌除了对β内酰胺类抗生素耐药率仍维持在较低水平外，其对四环素类（>90%）、大环内酯类（>70%）、氟喹诺酮类等抗菌药的耐药率在过去几十年内急速上升。丹麦的猪源猪链球菌对四环素类和大环内酯类抗生素的耐药率在20世纪80年代就开始上升[6]，对四环素类和大环内酯类抗生素耐药的人源猪链球菌在2000年以后也被报道，且对四环素类和大环内酯类-林可胺类-链阳菌素类（MLS类）等多重耐药的猪链球菌，也开始在全球范围内传播[7-9]。

一、中国猪链球菌分离株对不同抗菌药的耐药情况

2000—2001年,杨建江等[10]对长春地区发病猪场的分离菌株(n=22)进行14种抗生素的耐药性检测,结果显示95%的菌株对四环素类耐药,其中86%的菌株为多重耐药株。2004年,王丽平等[11]对1998—2003年分离自上海、江苏、广州的65株猪源链球菌进行体外抗菌活性检测,发现96.6%的菌株为多重耐药株,其中72.3%的菌株对强力霉素耐药,53.8%~67.7%的菌株对大环内酯类耐药,但多数菌株对青霉素类抗生素相对敏感。2005年,白雪梅等[12]对中国各地分离的猪链球菌进行了抗菌药敏感性分析,发现100株猪链球菌对四环素均耐药。2007年,闫清波等[13]通过微量稀释法对东北地区分离的108株猪源链球菌进行了抗生素敏感性试验,结果显示猪链球菌对盐酸四环素和多西环素的耐药率均为98%。Zhang等[14]通过微量稀释法检测了2005—2007年间自中国九个省分离的421株猪链球菌的药物敏感性,结果显示猪链球菌对四环素、克林霉素、红霉素、替米考星和复方新诺明呈现较高的耐药性,其耐药率分别达91.7%、68.4%、67.2%、66.7%和59.1%,但对氨苄西林和青霉素仍有较高的敏感性。Chen等[15]对2008—2010年间分离自不同猪场病猪的菌株(n=106)的耐药性分析结果显示菌株对四环素(99.1%)、红霉素(68.9%)、克林霉素(67.9%)和复方新诺明(16%)呈现不同程度的耐药,但对左氧氟沙星、氯霉素、头孢曲松仍较敏感,其耐药率分别为2.8%、1.9%和0.9%。

二、其他国家猪链球菌分离株对不同抗菌药的耐药情况

Kataoka等[16]对日本连续10年间(1987—1996)分离的猪链球菌(n=689)进行了耐药性分析,结果显示所有分离菌株对氧氟沙星、复方新诺明和阿莫西林敏感,对青霉素的耐药率为0.9%,但对四环素的耐药

率高达85.5%。Hoa等[9]测定了越南南部11年间（1997—2008）从脑膜炎病人脑脊液分离的175株猪链球菌，对6种抗菌药的敏感性结果显示，90.9%的菌株对四环素耐药，进一步分析发现1998—2003年间分离的菌株对四环素的耐药率为80.8%，而2004—2008年间分离的菌株对四环素的耐药率上升至99%；22%的菌株对红霉素耐药，但不同阶段分离的菌株对红霉素的耐药率并未呈现显著上升趋势；所有菌株对氯霉素的耐药率也从1998—2003年间的2.5%，显著上升至2004—2008年间的13%，此外对红霉素、四环素和氯霉素同时耐药的多重耐药菌株也呈现逐年上升趋势。

Aarestrup等[17]对丹麦1967—1981年间分离的猪链球菌2型进行药敏试验，结果显示其对大环内酯类药物均敏感，而1992—1997年间分离的菌株中有20.4%的菌株对大环内酯类抗生素耐药，认为耐药率的上升与这期间养猪业中泰乐菌素的大量使用有关。Wisselink等[18]检测了1994—1997年从欧洲七国分离的384株猪链球菌对10种兽医临床常用抗菌药物的敏感性，结果发现所有菌株对氟苯尼考、头孢噻呋、恩诺沙星和青霉素均敏感，而对庆大霉素、壮观菌素和复方新诺明的耐药率分别为1.3%，3.6%和6.0%，尤其对替米考星和四环素的耐药率分别高达55.3%和75.1%。Marie等[19]检测了1996—2000年间从法国感染猪（n=110）及不同国家病人（n=25）体内分离的135株猪链球菌，结果显示所有菌株对青霉素、阿莫西林、头孢噻呋、氟苯尼考、庆大霉素和杆菌肽锌均敏感，但对多西环素、大环内酯类以及林可胺类抗生素产生严重耐药性，并出现链霉素和卡那霉素的高水平耐药菌株。Vela等[20]检测了1999—2001年自西班牙感染猪分离的151株猪链球菌，结果表明87%以上的菌株对四环素、磺胺类药物、大环内酯类药物和林可霉素耐药，且87%以上的菌株对4种以上抗生素同时耐药，6%的菌株对6种以上的抗生素同时耐药，同时发现9型菌株对泰乐菌素和氯林可霉素的耐药性显著高于2型菌株。Hendriksen等[21]对欧洲六国2002—2004年间分离的猪链球菌进行了耐药性分析，发现所有国家的分离株对四环素（48.0%~92.0%）和红霉素（29.1%~75.0%）都产生一定程度的耐药，对青霉素的耐药情况各国之间略有不同，如英国、法国和荷兰分离的菌株均对青霉素敏感，而丹麦、波兰和葡萄牙分离的菌株对青霉素产生一定程度耐药（0.9%~13.0%）。Callens等[22]调查了2010年比利时健康猪分离菌株（n=332），结果显示四环素、红霉素和泰乐菌素的临床耐药率分别高达95%、66%和66%，但对氟苯尼考、恩诺沙星和青霉素仍保持较高的敏感性，耐药率分别为0.3%、0.3%和1%。Soares等[23]调查了2013年间巴西健康猪分离的猪链球菌（n=260），结果显示菌株对复方新诺明（100%）、四环素（97.69%）、克林霉素（84.61%）、诺氟沙星（76.92%）和环丙沙星（61.15%）均表现出较高程度的耐药。

上述数据表明无论是来自人源还是猪源，发病还是健康人畜的猪链球菌，对各类抗菌药的耐药率均呈逐年上升趋势，尤其对四环素类和大环内酯类抗生素的耐药已成为普遍现象。不同来源猪链球菌对各种抗生素耐药率逐年增加的主要原因与人医和兽医临床中抗菌药的广泛使用和滥用相关，这已在全球达成共识。有研究表明，许多细菌耐药性的出现与抗菌药使用量的增长存在明显相关性[24]。在兽医领域抗菌药的广泛使用和滥用，加速了细菌对抗菌药物的耐药性产生和传播。全世界所生产的抗生素中，有一半以上是用于提高饲料转化和促进动物生长以及预防和治疗动物疾病[25]。抗生素作为饲料添加剂长期低剂量给动物使用，会导致细菌耐药性产生，故2006年欧盟已经全面禁止抗菌药用于饲料添加剂[26]。尽管美国允许给动物使用抗菌药，但需要经过食品药品监督管理局（FDA）和兽用药品中心（CVM）的严格审查，使用比较慎重[27]。我国也逐步取消了抗菌药用做饲料添加剂。细菌包括猪链球菌对各类抗菌药物的耐药性问题已经成为全球关注的热点，耐药问题的解决对人类和动物健康具有重要的公共卫生意义。

第二节 耐药机制研究进展

细菌耐药性分为固有耐药和获得性耐药。固有耐药性是指细菌抵御抗菌药的天然特性，而获得性耐药则是在抗菌药选择性压力下，细菌不断适应环境变化而演化的结果[28]。

细菌对抗菌药耐药的机制主要包括以下几个方面[29,30]：① 细菌细胞膜渗透性改变阻止抗菌药物进入细胞；② 细菌的主动外排蛋白将进入细胞内的抗菌药物泵出；③ 灭活酶对抗菌药物的灭活；④ 抗菌药物靶位改变；⑤ 细菌的代谢途径发生改变。另外还出现一些新的理论诠释细菌耐药性产生的机制。

一、四环素类抗生素的耐药机制

四环素类抗生素是一类广谱抗生素，其抗菌机制是通过阻止氨基酰-tRNA附着到核糖体30S亚基的氨基酰-tRNA位点（A位点），从而抑制细菌蛋白质的合成。该类抗生素对革兰阳性菌和革兰阴性菌、支原体、衣原体和原虫均有抗菌活性[31,32]。在兽医临床广泛使用的有土霉素、四环素和多西环素。近年来，四环素类抗生素的广泛使用导致多种细菌对该类抗生素的耐药性持续增加，部分地区分离的猪源链球菌对该类药物的耐药率甚至达到100%。

细菌对四环素类抗生素产生耐药主要由主动外排蛋白（Efflux protein）、核糖体保护蛋白（Ribosomal protection proteins, RPPs）、灭活酶（Inactivating enzymes）和靶位突变（16S rRNA以及核蛋白S7等）介导，其中，前两种机制在革兰阴性和阳性菌中起到重要的作用。截至2014年1月，四环素类耐药基因已经达到40多个（http://faculty.washington.edu/marilynr/），见

表4-1所示。猪链球菌中已鉴定的tet基因主要为核糖体保护蛋白基因tet（M）、tet（O）、tet（S）和tet（W）；外排蛋白基因tet（L）、tet（B）和tet（40）；嵌合基因tet（O/W/32/O）、tet（O/32/O）[15,32-37]。

表 4-1　四环素类抗生素的主要耐药基因分类（Modified Jan，2014）

基因种类	基因名称	
外排泵（29）	tet（A），（B），（C），（D），（E），（G），（H），（J），（V），（Y），（Z），（30），（31），（33），（35）ª，（39），（41），（K），（L），（38），（45），A（P），（40），（42），（43），tetAB（46），otr（B），（C），tcr	
核糖体保护蛋白（12）	tet（M），（O），（S），（W），（32），（Q），（T），（36），otr（A），tetB（P）ᵇ，tet，tet（44）	
灭活酶（3）	tet（X）ᶜ，tet（37）ᶜ，tet（34）	
未知基因	tet（U）ᵈ	
嵌合基因	tet（O/W），tet（O/W/O）	In *Megasphaera*
	tet（O/W/32/O/W/O），tet（W/32/O），tet（O/W）	In *Bifidobacterium*
	tet（O/32/O）	In *Clostridium*
	tet（W/32/O/W/O）	In *Lactobacillus*
	tet（O/W/32/O），tet（O/32/O），tet（S/M）	In *Streptococcus*

a 与其他 tet 外排泵基因不相关；
b tetB（P）未被发现单独存在，总是和 tetA（P）共同存在于一个操纵子上；
c tet（X）和 tet（37）不相关，但都属于需要辅酶 NADP 的氧化还原酶，tet（34）类似于霍乱弧菌的黄嘌呤 – 鸟嘌呤磷酸核糖转移酶；
d tet（U）：已被测序，但未显示与任何外排蛋白或核糖体保护蛋白相关。

（一）外排泵蛋白

细菌的四环素外排蛋白研究最深入的是Tet蛋白家族，其编码基因属于主要易化子超家族（Major facilitator superfamily，MFS）成员[38]。多数外排蛋白可介导细菌对四环素耐药而对米诺环素和甘氨酰环素敏感，但携带tet（B）的革兰阴性菌对四环素和米诺环素耐药而对甘氨酰环素敏感[39]。如果进一步在药物选择性压力下诱导tet（A）和tet（B）基因发生突变，可导致菌株对甘氨酰环素耐药[40,41]。

外排泵基因均编码大小约45kD的膜结合外排蛋白，根据其跨膜结构和氨基酸相似性特征，又可分为多个群：其中I群包括 tet（A）、tet（B）、tet（C）、tet（D）、tet（E）、tet（G）、tet（H）、tet（J）、tet（Z）和 tet（30）。Chander等[36]首次在猪链球菌的质粒中检出 tet（B），检测率达15%（17/111），测序分析显示猪链球菌检出的 tet（B）与革兰阴性菌如铜绿假单胞菌、沙门菌、弧菌的 tet（B）相似性达到100%，推测是由于四环素在养猪业中广泛使用，造成选择性压力促使 tet（B）从革兰阴性菌水平转移至猪链球菌所致。

II群 tet 基因主要有 tet（K）和 tet（L），可介导对四环素和金霉素的耐药，但不介导对米诺环素和甘氨酰环素耐药。tet（K）和 tet（L）最初在革兰阳性菌中发现，主要分布于质粒，并能整合到细菌基因组，也是目前链球菌属中报道的主要四环素类外排蛋白[42]。全基因组测序结果显示，在猪链球菌基因组中存在 tet（L），由类Tn916转座子携带[43]，Hoa等[44]从一位越南患者分离的菌株中采用PCR方法也检出该基因，但未进一步研究。此外，分析已测序的其他猪链球菌，发现还存在 tet（40）[37, 45]。

（二）核糖体保护蛋白

目前在细菌中发现了12种核糖体保护蛋白（Ribosomal protection proteins，RPPs），其中Tet（M）和Tet（O）分布最为广泛。与Tet外排蛋白相比，PRPs具有更广谱的抗四环素类活性，结合有GTP的核糖体保护蛋白如Tet（M）/Tet（O）能与核糖体结合，依赖GTP水解可将四环素类抗生素从30S亚基上释放出来，随后Tet（M）/Tet（O）–GDP也从核糖体脱离，使核糖体重新进入正常的肽链延伸反应循环，导致细菌对四环素类抗生素产生耐药。

tet（M）一般由Tn916–Tn1545家族的转座子携带及传播，Tn916家族转座子的宿主范围很广，这也是 tet（M）在不同种属细菌中最为常见的主要原因。除了常见的 tet（M）、tet（O）外，还有 tetB（P）、tet（Q）、tet（S）、tet（T）、tet（W）、otr（A），这些基因都能编码核糖体保护蛋白，介导细菌对四环素、土霉素、米诺霉素等四环素类抗生素产生耐药。以前在猪链球菌中仅检出tet（M）、tet（O）[15]，近年来又检出tet（W），tet（W）是一个新型的、广泛分布的四环素耐药基因。2008年从意大利的一例脑膜炎患者分离的猪链球菌中首次检出该基因[34]，随后又在意大利[46]、中国[47]和越南[9]分离的猪链球菌中检出。

（三）嵌合基因

嵌合tet基因是近年来发现的一类核糖体保护蛋白基因的杂合基因，可能是由两个或多个tet耐药基因重组而成。目前发现的嵌合基因主要由tet（O）、tet（W）和tet（32）嵌合而成。目前链球菌中发现了3个嵌合基因：tet（O/W/32/O）、tet（O/32/O）和tet（S/M），其中tet（O/W/32/O）[37]和tet（O/32/O）[48]最先在猪链球菌中发现。tet（O/W/32/O）位于整合和接合元件（Integrative and conjugative elements，ICEs）ICESsu32457上，而tet（O/32/O）位于JS14基因组的由ICE和前噬菌体嵌合而成的基因岛上，提示广泛传播的四环素耐药基因在可移动遗传元件上保持较高的重组率。嵌合基因tet（S/M）[49]最先在牛链球菌中发现，Novais等[50]分析了两种不同tet（S/M）序列特征，证明嵌合基因tet（S/M）是由CTn6000和CTn916经过重组嵌合而成。

二、MLS类抗生素的耐药机制

MLS（Macrolides–Lincosamides–Streptogramins）是大环内酯类抗生素、林可胺类抗生素和链阳菌素类抗生素的总称。尽管MLS类抗生素的化学结构不同，但由于其抗菌机制和细菌耐药机制非常相似，因此常将其作为一个整体进行研究[51]。这类抗生素抗菌谱较窄，对革兰阳性球菌（特别是葡萄球菌、链球菌和肠球菌）和杆菌以及部分革兰阴性球菌有效。其作用机制主要是与核糖体50S亚基结合，阻断肽酰转移酶活性，使P位上的肽酰tRNA不能与A位上的氨基酰tRNA结合，进而阻止蛋白质的合成。

红霉素应用于临床不久，就出现了对红霉素耐药的葡萄球菌[52]。随后包括猪链球菌在内的不同种属细菌相继报道对大环内酯类抗生素耐药。猪链球菌对MLS类抗生素的耐药机制主要有：① 药物作用靶位的修饰，主要是rRNA甲基化酶对药物作用靶位23S rRNA的A2058位的甲基化修饰，介导对大环内酯类、林可胺类和链阳菌素B类耐药[53]；② 主动外排泵对药物的外排[54]，主要有易化子超家族的Mef和ABC型转运子超家族的Msr，可介导菌株对一种或几种MLS类抗生素耐药；③ 灭活酶对药物的修饰，主要是林可胺类转移酶Lnu，介导对林可胺类和（或）链阳菌素A的耐药[55]；④ 药物作用靶位的突变，主要是23S rRNA结构域V和II、核蛋白L4和L22的突变，导致猪链球菌对MLS类药物耐药[56]。

Roberts等[57]对MLS类抗生素耐药基因进行了分类和标准化工作，并规定了新型MLS类抗生素基因的命名方法及提交网站（http: //faculty.washington.edu/marilynr/）。截止到2014年1月，已经鉴定80多个MLS类耐药基因，其中rRNA甲基化酶基因36个，主动外排泵基因23个，灭活酶基因23个（表4-2）。

表4-2 MLS类抗生素的主要耐药基因分类
（Modified Jan 2014 including non-published）

基因功能	基因名称
rRNA甲基化酶（36）	erm（A），（B），（C），（D），（E），（F），（G），（H），（I），（N），（O），（Q），（R），（S），（T），（U），（V），（W），（X），（Y），（Z），（30），（31），（33），（32），（33），（34），（35），（36），（37），（38），（39），（40），（41），（42），（43）
外排泵（23）	mef（A），（B）；msr（A），（C），（D），（E）；car（A）；lmr（A）；ole（B），（C）；srm（B）；tlc（C）；lsa（A），（B），（C），（E）；vga（A）ᵃ，（B），（C）ᵇ，（D），（E）；eat（A）v，sal（A）

（续）

基因功能		基因名称
灭活酶(23)	酯酶（2）	*ere*（A），（B）
	裂解酶（2）	*vgb*（A），（B）
	转移酶(13)	*lnu*（A），（B），（C），（D），（E），（F）；*vat*（A），（B），（C），（D），（E），（F），（H）
	磷酸化酶（6）	*mph*（A），（B），（C），（D）；*mph*（E），（F）
rRNA甲基转移酶[b]		*cfr*

a *vga*（A）$_{LC}$亚型对林可胺类和链阳菌素A耐药，而*vga*（A）仅对链阳菌素A耐药，另*vga*（A）变体对林可胺类、链阳菌素A和截短侧耳素耐药；
b 对林可胺类、链阳菌素A和截短侧耳素（PhLOPS$_A$）耐药而对大环内酯类敏感。

（一）23S rRNA甲基化酶

细菌产生的23S rRNA甲基化酶Erm能使23S rRNA的A2058位转录后发生甲基化，核糖体构型发生改变，使药物无法结合于靶位导致细菌产生耐药性。大环内酯类、林可胺类及链阳菌素B的作用位点相似，故Erm可以同时介导细菌对这三类抗生素耐药。但链阳菌素A不受Erm影响，故与链阳菌素B联用后可增强后者对MLS型耐药菌的抗菌活性。

迄今为止，在发现的36个23S rRNA甲基化酶的编码基因（*erm*）中，链球菌中已报道的有*erm*（A）、*erm*（B）、*erm*（C）、*erm*（F）、*erm*（Q）和*erm*（T），其中*erm*（A）、*erm*（B）和*erm*（C）三个基因的检出率最高[54]，在猪链球菌中*erm*（B）基因最为常见，是介导猪链球菌对MLS类抗生素耐药的主要机制[9, 35, 53, 54, 56]。

（二）主动外排泵

大环内酯类外排基因（*mef*）编码的Mef蛋白属于主要易化因子超家族成员的外排蛋白，能够将大环内酯类药物自菌体内排出，降低细菌对大环内酯类抗生素的敏感性。目前的*mef*基因有*mef*（A）和*mef*（B），其中 mef（A）又包含 mef（A）、mef（E）和 mef（I）三个亚型。mef（A）在链球菌属中最为常见，具有12个跨膜结构，介导细菌对14和15元大环内酯类药物的低度耐药（即M表型）[53, 56, 58]。

Msr蛋白属于ABC转运蛋白超家族成员，是另一类可介导细菌对大环内酯类抗生素耐药的外排蛋白，其编码基因有 msr（A）、msr（C）、msr（D）和 msr（E）。猪链球菌中已报道 msr（D）[59]。msr（D）常位于 mef（A）下游，二者可形成耐药基因簇[60]。Nunez-Samudio等[61]的研究表明该基因簇中 msr（D）对耐药性的贡献更显著。

（三）林可胺类核苷转移酶

林可胺类转移酶（Lnu）可以修饰林可霉素的第3或4位羟基，使之发生核苷酸化后被灭活，仅介导细菌对林可霉素的耐药，其表型为L表型。目前已经发现的林可胺类转移酶有Lnu（A）、Lnu（B）、Lnu（C）、Lnu（D）、Lnu（E）和Lnu（F）[55, 57, 62]。链球菌中发现的林可胺类转移酶基因有 lnu（B）、lnu（C）和 lnu（D）。Zhao等[63]在一株猪链球菌中新发现了被IS元件截断的 lnu（E）基因，经过人工合成并于大肠杆菌中表达，其完整的蛋白结构与溶血性葡萄球菌的核苷转移酶Lnu（A）相似性为60%，但与无乳链球菌的Lnu（C）和乳房链球菌的Lnu（D）相似性较低，分别为24.3%和25.9%，与屎肠球菌报道的Lnu（E）和Lnu（B）以及肠炎沙门菌报道的Lnu（F）无同源性。

（四）靶位突变机制

在所有的MLS类耐药菌株中，有1%~4%的菌株通常不含上述发现的MLS类耐药基因，提示存在其他机制可能导致细菌对MLS类抗生素耐药[64, 65]。研究显示细菌23S rRNA结构域V和II中与大环内酯类抗生素结合的碱基位点发生突变（图4-1），使大环内酯类抗生素与细菌的亲和力下降，导致耐药性产生[66]。经典的23S rRNA上A2058和A2059位的突变可以导致对MLS_B、ML、泰利霉素（酮内酯类）和（或）利奈

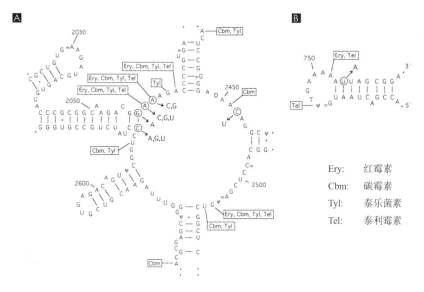

图4-1 介导MLS类耐药的23S rRNA V区（A）和Ⅱ区（B）主要突变位点[69]

唑胺（噁唑烷酮类）耐药，而其他位点如V区的C2610位点和Ⅱ区的突变可导致对泰利霉素中等水平的耐药。另外，核糖体蛋白L4、L22突变后会影响23S rRNA与大环内酯类抗生素的结合，也会介导细菌产生耐药[64, 67]。Farrell等[68]证实23S rRNA和L4、L22基因上的不同突变可导致细菌对MLS和泰利霉素耐药。在猪链球菌中也证实23S rRNA和L4、L22基因的突变会导致耐药菌株产生[56]。

（五）rRNA甲基转移酶Cfr

2000年在松鼠葡萄球菌中发现cfr基因，发现其介导细菌对氯霉素与氟苯尼考的耐药，因此命名为cfr（Chloramphenicol-florfenicol resistance）基因[70]。进一步研究发现，cfr基因编码的蛋白属于rRNA甲基转移酶，与其他已知类型的rRNA甲基转移酶差异较大，其作用位点是23S rRNA的A2503和C2498位核苷酸。由于截短侧耳素类、噁唑烷酮类和链阳菌素A类药物均作用于革兰阳性菌23S rRNA的转肽中心，该转肽中心和A2503位临近，因氯霉素类药物和林可胺类药物的结合位点在23S rRNA有部分重叠，故cfr基因可以介导细菌同时对酰胺醇类、林可胺类、噁唑烷酮类、截短侧耳素类和链阳菌素A（PLOPS$_A$）的耐药。该基因也是目前发现的第一个可同时介导五类化学结构各异的抗菌药耐药的基因[71]。继在葡萄球菌属、芽孢杆菌属、肠球菌属、变形杆菌属和肠杆菌属细菌中报道后[72]，2013年该基因在猪链球菌中首次报道，位于一个大小约100kb的质粒pStrcfr上，且其上下游各存在一个插入序列ISEnfa5（图4-2），推测该插入序列对cfr基因的水平传播起到一定作用[73]。

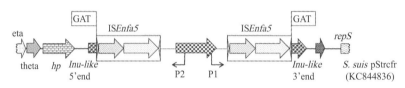

图4-2 猪链球菌质粒pStrcfr携带的cfr基因的侧翼序列[73]

三、其他抗生素的耐药机制

1980年时，对青霉素耐药的猪链球菌在英国病人的分离株中首次发现[2]，近年来猪源耐青霉素菌株有增多趋势[14, 19, 74]。研究显示耐药猪链球菌的青霉素结合蛋白（PBPs）发生突变导致其与青霉素的亲和力下降[75]。2011年又报道了猪链球菌对第三代头孢类抗生素的耐药，主要与PBP靶位变异相关[76]。总体而言，猪链球菌对β内酰胺类抗生素仍较敏感，是治疗猪链球菌病的首选药物。

氨基糖苷类抗生素可抑制细菌蛋白质的合成和改变细胞膜的完整性从而发挥较强的抗菌活性[77]。猪链球菌对氨基糖苷类抗生素存在天然耐药的现象，有关其耐药性的报道较多[18, 78, 79]。其耐药机制主要是由aphA基因编码的磷酸转移酶和aadE编码的乙酰转移酶介导。最新研究表明，氨基糖苷类耐药基因能形成耐药基因簇，易被可移动基因元件捕获而在菌株中转移，如发现捕获链霉素抗性基因（aadE和sat4）、卡那霉素抗性基因（aphA）的基因元件能在不同来源的猪链球菌中传递[37, 43, 80]。

猪链球菌对喹诺酮类抗菌药的耐药机制主要是因gyrA和parC基因的

喹诺酮耐药决定区（QRDR）突变导致[81]。近年来又发现一种新型的喹诺酮类药物外排泵SatAB可介导猪链球菌对部分喹诺酮类抗菌药耐药，并受SatR蛋白调控[82,83]。

猪链球菌对酰胺醇类抗生素耐药的报道较少，耐药率也比较低。但值得注意的是，在越南一个周期为10年的监测中发现对氯霉素类耐药的猪链球菌比例逐年上升[9]。目前报道的猪链球菌对该类抗生素的耐药机制主要由cfr基因介导（参见本节2.5相关内容）。

四、滞留菌

滞留菌（Persister）的概念最早由Bigger[84]于1944年提出，认为是部分细菌亚群对抗菌药耐受后产生的一种现象。现在被定义为微生物菌群中极少数没有获得抗药突变、但又不被抗菌药杀死的表型变异细胞。其产生频率与菌群生长阶段有关，早期约为菌群的10^{-6}，对数生长期时激增，至稳定期可达1%[85]。抗菌药对对数生长期和稳定期菌群的杀菌曲线均呈两相型，即菌群中存活细胞数目会随着药物作用时间延长先急剧下降，然后达到一个平台，该平台代表滞留菌水平。滞留菌在抗菌药选择性压力下既不死亡也不继续繁殖，处于耐受状态（Drug tolerance，DT），且对所用抗菌药的MIC不变（图4-3）。滞留菌对抗菌药的耐受性仅是一种表型变化（Phenotypic variation），其耐药性特征无遗传性，收集滞留菌进行培养后其耐药特征会消失。这与通常所指的细菌耐药性（Drug resistance，DR）有本质不同（图4-3滞留菌的形成过程[85]，图4-4细菌的耐受性与耐

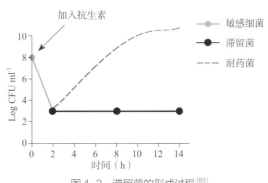

图4-3 滞留菌的形成过程[85]

图4-4 细菌的耐受性与耐药性产生机制[85]

药性产生机制[85]），耐药菌株的耐药特征可以稳定遗传，其在抗菌药选择压力下能继续生长繁殖，不易被清除，并对所用抗菌药的MIC升高。滞留菌存在于一些细菌和真菌中，若不被机体免疫系统消灭，则在抗菌药清除后会重新生长繁殖，造成感染复发，可对感染治疗构成极大威胁。目前认为滞留菌对抗菌药的耐受是因滞留菌处于休眠状态故对外界因素不敏感所致[86]。

2014年Willenborg等[87]首次发现猪链球菌中也存在滞留菌，可对多种抗菌药产生耐受。实验采用$1×10^7$个猪链球菌细胞，用$100×MIC$的不同种类抗菌药分别处理1h、2h、4h、6h和8h后于绵羊血平板上计数，发现除达托霉素外，青霉素、庆大霉素、环丙沙星等均能使猪链球菌产生对抗菌药耐受的滞留菌。进一步使用庆大霉素诱导，发现生成的休眠细胞主要是细菌稳定期产生的Ⅰ型休眠细胞，并且其生成受全局转录调节因子CcpA和精氨酸酶系统（AD）调控。

越来越多的证据表明：毒素-抗毒素系统、群体感应分子、全局转录调节因子、严紧反应信号分子四磷酸鸟苷（p）ppGpp等参与了休眠细胞的形成[88, 89]，但其具体的分子调控机制尚不明确。Claudi等[90]通过建立小鼠体内的荧光显色报告系统分析发现沙门菌在宿主体内分化为不同生长表型的亚群，为体内滞留菌产生机制的研究提供了方法。

五、生物被膜

细菌生物被膜是指大量表现出不同于浮游菌表型的细菌黏附于惰性或

活体介质的表面，被自身产生的胞外多聚基质所包被的一个群体组织[91]。细菌生物被膜在自然环境中广泛存在，具有极强的免疫逃逸性和耐药性，由于生物被膜的特殊结构和性质，导致细菌不易被抗菌药物完全杀死[92,93]。Grenier等[94]和Guo等[95]均发现猪链球菌能够形成生物被膜并对抗菌药的敏感性下降，且不同血清型猪链球菌成膜能力有差异，对抗菌药物的敏感性也不同。

第三节 耐药基因的传播机制

可移动遗传元件（Mobile genetic elements，MGEs）是指可以从基因组一个部分转移至另一个部分或者在两个基因组之间转移的DNA，如质粒、转座子、整合子、整合和接合性元件（ICE）等。由细菌可移动基因元件完成的基因转移称基因的水平转移（Horizontal genetic transfer，HGT）。可移动遗传元件作为耐药基因的载体，介导各种耐药基因在同种及不同种细菌间传递，使受体菌表现为耐药甚至多重耐药，是介导细菌耐药性快速传播的重要元件[96]。

一、可移动基因元件

（一）转座子

转座子（Tn）亦称跳跃基因，是指能将自身基因插入基因组中任何一个新位点的DNA序列，分为简单转座子和复合型转座子（如Tn类转座子）[97]。最简单的转座子不含有任何宿主基因而常被称为插入序列

（Insertion sequence，IS），它们是细菌染色体或质粒DNA的正常组成部分。复合型转座子（Composite transposon）是一类带有某些耐药性基因（或其他宿主基因）的转座子，其两翼往往是两个相同或高度同源的IS序列，但IS序列不能再单独移动，只能作为复合体移动。可转座的遗传片段有两种，即转座子和插入顺序（IS），两者在各自的两侧均带有反向重复序列（IR），并且均可作为独立的单位参与转座。大环内酯类耐药基因多是以这种方式实现水平转移。

杨建江等[10]检出6株猪链球菌erm（B）基因，与GenBank中的肺炎链球菌Tn1545转座子、屎肠球菌的质粒pRUM786等序列同源性为98%~100%。Martel等[98]通过体外试验证明，erm（B）基因位于Tn1545上，可在猪链球菌、人源肺炎链球菌和化脓链球菌之间以较低的频率进行交换。

（二）整合子

整合子（Integron，In）是一个相对保守并移动的转座子样DNA元件，能捕获和整合耐药基因，形成巨大的多基因座（Loci）。整合子由两端高度保守的片段（Conserved segment，CS）和中间的可变区（Variable region）组成，保守区含有一个可编码整合酶的开放阅读框，可变区则含有数量不等的耐药基因盒（Gene cassette）[99]。整合子的存在方式和传递方式非常灵活，可为细菌耐药性，尤其是多重耐药性的传递提供便利条件[100]。基因盒是小的可移动DNA分子，截至2014年9月，INTEGRALL整合数据库（http://integrall.bio.ua.pt/?）更新数据显示，目前已经发现1 512个整合酶基因和8 557个基因盒，其中有60多个属于耐药基因盒[101]。基因盒-整合子系统在革兰阴性细菌耐药基因的获得与传播中有重要作用。有报道革兰阳性菌中也检测到整合子[102]，但其是否参与猪链球菌耐药基因的获得和传播，尚待研究。

（三）整合性和结合性元件

整合性和结合性元件（Integrative and conjugative elements，ICEs）位

于细菌染色体上，由负责结合、抗性、整合、切除和调控的模块组成，它可以从细菌染色体上切除下来自动形成环状分子，并以类似于质粒的结合方式将自身染色体单链DNA传递给受体菌[103, 104]。ICEs不仅能够转移抗菌药耐药基因，也能转移细菌毒力因子，且基因转移可发生于相同菌属或不同菌属间的菌株。另外，菌株获得ICEs后适应性代价较小能快速进行增殖。

Palmieri等[105]证实携带erm（T）的质粒p5580（大小约为4 950bp）可以在链球菌属菌株间水平转移，这种高频率的转移是通过类似ICESde3396（一个约63kb cadC/cadA–carrying ICE，属于ICESa2603家族）的可移动结构完成的，且p5580和类ICESde3396结构可以同时或者单独转移。ICE在选择性压力下可能演化形成新的嵌合元件，如ICEs的整合酶基因就是来源于前噬菌体，其位点特异性整合方式也是噬菌体所有，故认为噬菌体或基因组岛是ICE的祖先[106]。近来在两株不同血清型的猪源链球菌中发现了噬菌体和ICE的嵌合元件[48, 107]。

Palmieri等[33]对已经测序的猪链球菌基因组中携带耐药基因的元件进行了分析，发现这些遗传元件含有四环素类、大环内酯类、酰胺醇类、氨基糖苷类等抗生素的耐药基因（图4–5）。目前发现的5个ICE中有4个（ICESsu98HAH33，ICESsu05ZYH33，ICESsuSC84和ICESsuBM407-2）的保守区与无乳链球菌的ICESa2603非常相似：均插入基因组rplL的3'端，包含切除环化所需的酪氨酸家族整合酶Int，并含有结合转移所需的4型分泌系统（T4SSs）。Li等[108]的研究提示ICE具有切除转移的能力，故ICESsu05ZYH33可在同一血清型菌株间转移。猪链球菌中发现的另一个ICESa2603家族元件ICESsu32457（图4–6），能介导erm（B）、tet（40）、aadE、aphA在多种链球菌中转移[37]。提示ICEs在介导猪链球菌耐药性转移中可能发挥重要作用。

（四）前噬菌体

前噬菌体是某些温和噬菌体感染细菌后，其核酸整合到宿主细菌

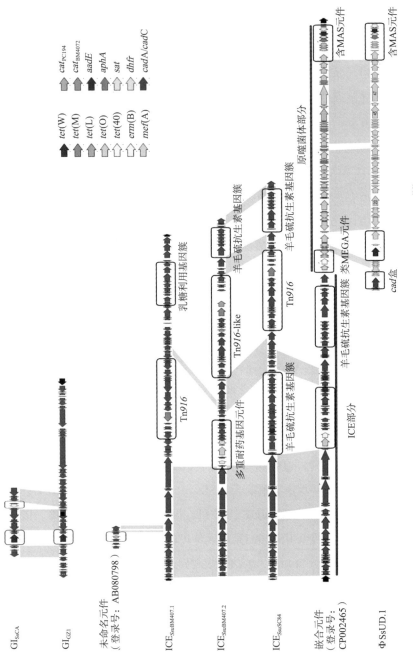

图 4-5 已鉴定的几种猪链球菌 ICE 基因元件的相似性比较[33]

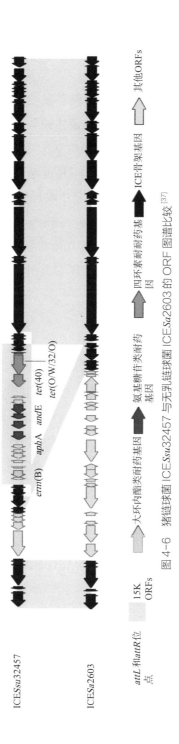

图4-6 猪链球菌ICESsu32457与无乳链球菌ICESa2603的ORF图谱比较[37]

染色体中。处于整合状态的噬菌体称为前噬菌体。完整的前噬菌体在丝裂霉素C等DNA诱变剂作用下，可从溶源状态转变为裂解状态。前噬菌体可通过转导方式将耐药基因转移到受体菌。化脓链球菌和无乳链球菌的全基因组分析显示，前噬菌体是导致其基因组差异和演化的主要元件。链球菌属细菌中携带mef（A）-msr（D）基因的前噬菌体结构见图4-7所示，提示phi-m46.1-样前噬菌体在介导mef（A）导致的M型耐药中起重要作用。猪链球菌中发现的phi-SSUD.1元件（与phi-m46.1相似，图4-8），含有tet（W）和erm（B），可通过接合方式将耐药基因元件转移到受体菌，但其具体机制尚不明确[46]。上述结果表明，前噬菌体在大环内酯类和四环素类耐药基因转移过程中起到重要作用。

二、耐药基因生态学

耐药基因成为一种不易消除的新兴污染物，随耐药菌排至环境中，并能在适当的条件下稳定存在[110]。生物体正常菌群、水体和土壤环境不仅成为耐药性基因的储存库，也成为耐药性基因传播的媒介。在抗菌药的选择压力下，生物体和环境储库中的耐药基因通过可移动基因元件以转化、接合和转导等方式在不同种属的微生物间传递和扩散，使耐药基因在生物体和环境中分布和迁移方式更为广泛和多样化[111-113]。目前，已在不同环境中检出超过100种抗生素耐药基因，几乎所有地表水、沉积物中都能检测出耐药基因，甚至在10m以下的地下水中都已检出耐药基因的存在[114,115]。

四环素[tet（M），tet（O）]和红霉素[erm（B），erm（F）]耐药基因在人群、动物和环境细菌中都广泛存在，这些基因相似性在98%以上，但这些细菌的遗传演化关系较远。上述两类耐药基因在不同种属细菌中普遍存在的原因尚不明确，但发现这些基因都位于一类结构相似的接合性转座子Tn916-Tn1545上（Tn916家族），推测该转座子介导了这些基

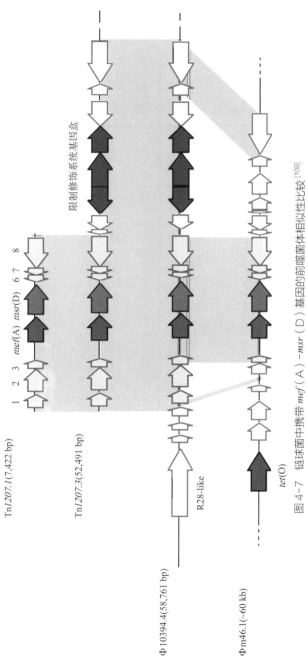

图4-7 链球菌中携带 *mef*(A)-*msr*(D)基因的前噬菌体相似性比较[109]

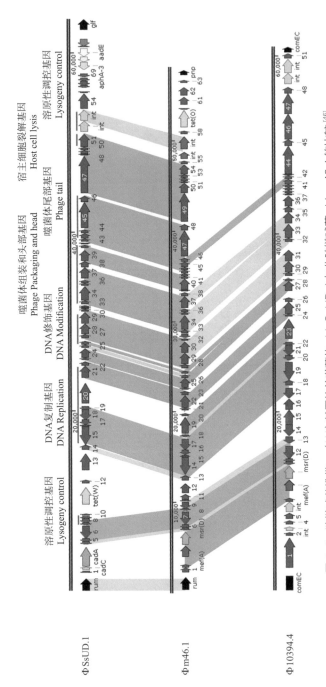

图 4-8 猪链球菌携带 tet（W）基因的前噬菌体 phi-SsUD.1 与化脓链球菌 phi-m46.1 的比较[46]

因在生物体和环境微生物间的转移。Tn916家族被认为是ICE中最小化的Ⅳ型分泌系统，具有广泛的宿主，其接合转移系统包括交配对形成模块和加工处理模块，前者在细菌之间形成交配对，后者将处理的DNA从供体菌转移到受体菌[116]。此外，四环素在环境中残留产生的选择压力可引起四环素耐药基因高表达，进一步诱导该接合性转座子的环化和接合，可能也是促进耐药基因高频率转移和传播的原因[117]。

耐药基因生态学仍是一个较新的研究领域，目前有关耐药基因在自然界转移的研究较少，对自然环境中的耐药基因的分布程度目前也未进行过精确评估，仍存在一些问题和挑战。

第四节 细菌耐药性检测方法

一、耐药菌株检测

建立和完善细菌耐药性监测网络是当务之急。目前猪链球菌药物敏感性检测的方法有多种，应用较广泛的是美国临床实验室标准化协会（Clinical and Laboratory Standards Institute，CLSI）[118]推荐的纸片法和微量稀释法。纸片扩散法和肉汤微量稀释法是最简便的常规方法，操作简单、不易污染细菌，适合临床样本的检测；琼脂稀释法虽能检测大批量菌株，但该法易污染，故适用于科研。

美国Biolog公司率先开发了一种表型芯片（Phenotype microarray，PM）系统，可用来测定微生物细胞及动物细胞的表型。PM技术可以迅速、简单、准确、高效地以同一标准模式同时测试几千种细胞表型。通过对活体细胞进行测试，可以检测细胞基因变化或用药以及环境因子所引起的细胞表型的变化情况。

　　PM技术和自动微生物分析仪价格昂贵，并存在表型与基因型不一致的现象。目前在建立一些耐药菌快速检测方法，如Farrell等[119]建立了微孔探针杂交的多重快速循环PCR方法，用于批量筛选大环内酯类耐药的肺炎链球菌和化脓链球菌。Zeng等[120]采用反向线性杂交技术结合多重PCR方法，快速检测无乳链球菌中大环内酯类和四环素类耐药基因。Liu等[121]使用Cycleave PCR方法快速检测肺炎支原体中大环类酯类耐药的突变存在。

二、耐药基因水平转移分析方法

　　耐药基因的水平转移方式主要有三种：① 转化：耐药菌溶解后释出的DNA进入敏感菌体内，其耐药基因与敏感菌中的同种基因重新组合，使敏感菌成为耐药菌株。② 接合：通过耐药菌和敏感菌菌体的直接接触，由耐药菌将耐药因子转移给敏感菌，可发生在不同种细菌间，可同时转移多种耐药基因，是耐药基因水平转移最常见的方式。③ 转导：耐药菌通过噬菌体将耐药基因转移给敏感菌，转导是金黄色葡萄球菌中耐药性转移的唯一方式。

　　常用的质粒DNA转化方法主要有化学转化和电转化两种。化学转化的原理是利用$CaCl_2$、PEG6000等化学试剂处理，使细菌细胞膜通透性改变，成为能容许外源DNA的载体分子通过的感受态细胞。而电转化则是用瞬间高压将细胞穿孔，使外源DNA进入细胞的过程。转导则是使用丝裂霉素C等诱导，使噬菌体裂解细菌，然后侵染宿主菌的过程。

　　耐药基因通常位于接合性质粒或接合性转座子上，因此接合是耐药基因水平转移的主要因素，目前接合转移方法主要有肉汤接合法和滤膜接合法。其中滤膜接合法是将供体菌和受体菌混合后置于硝酸纤维素膜上进行，已证实该法可以提高革兰阳性菌接合转移效率。结合反应获得的结合子可通过PFGE和Southern方法进行确证。

DNA的转移目前已不仅仅是一个概念，研究人员对DNA转移过程进行了可视化观察。Babic等[122, 123]采用荧光显微镜，实时观测了整合性和结合性元件*ICEBs1*在枯草芽孢杆菌供体菌和受体菌之间的转移，证实成链生长的细菌链中一个细胞获得了结合性的DNA后就会启动系列的结合反应，使获得的DNA在细菌链中迅速传播，这种链内的转移方式加速了结合性元件在细菌群落中的传播。

参考文献

[1] Perch B, Kristjansen P, Skadhauge K. Group R streptococci pathogenic for man. Two cases of meningitis and one fatal case of sepsis[J]. Acta pathologica et microbiologica Scandinavica, 1968, 74 (1): 69–76.

[2] Shneerson J M, Chattopadhyay B, Murphy M F, et al. Permanent perceptive deafness due to *Streptococcus suis* type II infection[J]. The Journal of laryngology and otology, 1980, 94 (4): 425–427.

[3] Cantin M, Harel J, Higgins R, et al. Antimicrobial Resistance Patterns and Plasmid Profiles of *Streptococcus suis* Isolates[J]. Journal of veterinary diagnostic investigation, 1992, 4 (2): 170–174.

[4] Wasteson Y, Hoie S, Roberts M C. Caracterization of Antibiotic-Resistance in Streptococcus-Suis[J]. Veterinary microbiology, 1994, 41 (1–2): 41–49.

[5] Staats J J, Feder I, Okwumabua O, et al. *Streptococcus suis*: Past and present[J]. Veterinary research communications, 1997, 21 (6): 381–407.

[6] Aarestrup F M, Rasmussen S R, Artursson K, et al. Trends in the resistance to antimicrobial agents of *Streptococcus suis* isolates from Denmark and Sweden[J]. Veterinary mricrobiology, 1998, 63 (1): 71–80.

[7] Ye C Y, Bai X M, Zhang J, et al. Spread of *Streptococcus suis* sequence type 7, China[J]. Emerging infections diseases, 2008, 14 (5): 787–791.

[8] Clapperton M, Diack A B, Matika O, et al. Traits associated with innate and adaptive immunity in pigs: heritability and associations with performance under different health status conditions[J]. Genetics selection evolution, 2009, 41: 54.

[9] Hoa N T, Chieu T T B, Nghia H D T, et al. The antimicrobial resistance patterns and associated determinants in *Streptococcus suis* isolated from humans in southern Vietnam, 1997–2008[J]. BMC infection disease, 2011, 11: 6.

[10] 杨建江，韩文瑜，雷连成，等.长春地区猪链球菌对大环内酯和林克酰胺类耐药的分子机制研究 [J]. 中国人兽共患病杂志，2004(08).

[11] 王丽平，陆承平，唐家琪.32 种抗菌药物对临床分离猪源链球菌的体外抗菌活性 [J]. 微生物学报，2004(06).

[12] 白雪梅，张亚兰，孙娜，等.100 株猪链球菌的生化检测及药物敏感性分析 [J]. 中国人兽共患病学报，2006(05).

[13] 闫清波，苑青艳，赵志惠，等.常用抗菌药物对东北地区猪源链球菌的体外抗菌活性研究 [J]. 中国预防兽医学报，2007(12).

[14] Zhang C, Ning Y, Zhang Z, et al. In vitro antimicrobial susceptibility of *Streptococcus suis* strains isolated from clinically healthy sows in China[J]. Veterinary microbiology, 2008, 131 (3–4): 386–392.

[15] Chen L, Song Y, Wei Z, et al. Antimicrobial susceptibility, tetracycline and erythromycin resistance genes, and multilocus sequence typing of *Streptococcus suis* isolates from diseased pigs in China[J]. Journal veterinary medicine science, 2013, 75 (5): 583–587.

[16] Kataoka Y, Yoshida T, Sawada T. A 10-year survey of antimicrobial susceptibility of *Streptococcus suis* isolates from swine in Japan[J]. Journal veterinary medicine science, 2000, 62 (10): 1053–1057.

[17] Aarestrup F M, Jorsal S E, Jensen N E. Serological characterization and antimicrobial susceptibility of *Streptococcus suis* isolates from diagnostic samples in Denmark during 1995 and 1996[J]. Veterinary microbiology, 1998, 60 (1): 59–66.

[18] Wisselink H J, Veldman K T, Van den Eede C, et al. Quantitative susceptibility of *Streptococcus suis* strains isolated from diseased pigs in seven European countries to antimicrobial agents licenced in veterinary medicine[J]. Veterinary microbiology, 2006, 113 (1–2): 73–82.

[19] Marie J, Morvan H, Berthelot-Herault F, et al. Antimicrobial susceptibility of *Streptococcus suis* isolated from swine in France and from humans in different countries between 1996 and 2000[J]. The journal of antimicrobial chemotherapy, 2002, 50 (2): 201–209.

[20] Vela Ana I, Moreno Miguel A, Cebolla José A, et al. Antimicrobial susceptibility of clinical strains of *Streptococcus suis* isolated from pigs in Spain[J]. Veterinary microbiology, 2005, 105 (2): 143–147.

[21] Hendriksen R S, Mevius D J, Schroeter A, et al. Occurrence of antimicrobial resistance among bacterial pathogens and indicator bacteria in pigs in different European countries

from year 2002–2004: the ARBAO-II study[J]. Acta veterfnaria scandiravica, 2008, 50 (19). doi:1186/1751–0147–50–19.

[22] Callens B F, Haesebrouck F, Maes D, et al. Clinical resistance and decreased susceptibility in *Streptococcus suis* isolates from clinically healthy fattening pigs[J]. Microbial drug resistance, 2013, 19 (2): 146–151.

[23] Soares T C, Paes A C, Megid J, et al. Antimicrobial susceptibility of *Streptococcus suis* isolated from clinically healthy swine in Brazil[J]. Canadian journal veterinary research, 2014, 78 (2): 145–149.

[24] Goossens H. Antibiotic consumption and link to resistance[J]. Clinical microbiology and infection, 2009, 15 Suppl 3: 12–15.

[25] European Academies Science Advisory Council: Use of antibiotics in farm animals: developing evidence-based strategies. In: Tackling antibacterial resistance in Europe. London: The Royal Society, 2007.

[26] Economic and Scientific Policy: ANTIBIOTIC RESISTANCE. In. Brussels: European Parliament, 2005.

[27] Levy S B, Marshall B. Antibacterial resistance worldwide: causes, challenges and responses[J]. Nature mediaine, 2004, 10 (12 Suppl): S122–129.

[28] Kardar S S: Antibiotic Resistance: New Approaches to a Historical Problem. In. http: //www.actionbioscience.org/biotechnology/kardar.html?print, 2005.

[29] van Hoek A H, Mevius D, Guerra B, et al. Acquired antibiotic resistance genes: an overview[J]. Frontiers in microbiology, 2011, 2: 203.

[30] Wright G D. Antibiotic resistance: where does it come from and what can we do about it[J]? BMC biology, 2010, 8 (123): 1741–7007.

[31] Chopra I, Hawkey P M, Hinton M. Tetracyclines, molecular and clinical aspects[J]. The journal of antimicrobial chemotherapy, 1992, 29 (3): 245–277.

[32] Chopra I, Roberts M. Tetracycline antibiotics: mode of action, applications, molecular biology, and epidemiology of bacterial resistance[J]. Microbiology and molecular biology reviews : MMBR, 2001, 65 (2): 232–260.

[33] Palmieri C, Varaldo P E, Facinelli B. *Streptococcus suis*, an Emerging Drug-Resistant Animal and Human Pathogen[J]. Frontiers in microbiology, 2011, 2: 235.

[34] Manzin A, Palmieri C, Serra C, et al. *Streptococcus suis* meningitis without history of animal contact, Italy[J]. Emerging infectious disease, 2008 (14): 1946–1948.

[35] Princivalli M S, Palmieri C, Magi G, et al. Genetic diversity of *Streptococcus suis* clinical isolates from pigs and humans in Italy (2003–2007)[J]. Euro Surveill, 2009, 14 (33).

[36] Chander Y, Oliveira S R, Goyal S M. Identification of the tet (B) resistance gene in *Streptococcus suis*[J]. Veterinary Journal, 2011, 189 (3): 359-360.

[37] Palmieri C, Magi G, Mingoia M, et al. Characterization of a *Streptococcus suis* tet (O/W/32/O) -carrying element transferable to major streptococcal pathogens[J]. Antimicrobial agents chemotherapy, 2012, 56 (9): 4697-4702.

[38] Paulsen I T, Brown M H, Skurray R A. Proton-dependent multidrug efflux systems[J]. Microbiological reviews, 1996, 60 (4): 575-608.

[39] Testa R T, Petersen P J, Jacobus N V, et al. In vitro and in vivo antibacterial activities of the glycylcyclines, a new class of semisynthetic tetracyclines[J]. Antimicrobial agents chemotherapy, 1993, 37 (11): 2270-2277.

[40] Tuckman M, Petersen P J, Projan S J. Mutations in the interdomain loop region of the tetA (A) tetracycline resistance gene increase efflux of minocycline and glycylcyclines[J]. Microbial drug resistance, 2000, 6 (4): 277-282.

[41] Guay G G, Tuckman M, Rothstein D M. Mutations in the tetA (B) gene that cause a change in substrate specificity of the tetracycline efflux pump[J]. Antimicrobial agents chemotherapy, 1994, 38 (4): 857-860.

[42] Malhotra-Kumar S, Lammens C, Piessens J, et al. Multiplex PCR for simultaneous detection of macrolide and tetracycline resistance determinants in streptococci[J]. Antimicrobial agents chemotherapy, 2005, 49 (11): 4798-4800.

[43] Holden M T G, Hauser H, Sanders M, et al. Rapid Evolution of Virulence and Drug Resistance in the Emerging Zoonotic Pathogen *Streptococcus suis*[J]. Plos ONE, 2009, 4 (7).

[44] Hoa N T, Tran T B C, Tran T T N, et al. Slaughterhouse Pigs Are a Major Reservoir of *Streptococcus suis* Serotype 2 Capable of Causing Human Infection in Southern Vietnam[J]. PLoS ONE, 2011, 6 (3).

[45] Chen C, Tang J Q, Dong W, et al. A Glimpse of Streptococcal Toxic Shock Syndrome from Comparative Genomics of *S.suis* 2 Chinese Isolates[J]. PLoS ONE, 2007, 2 (3).

[46] Palmieri C, Princivalli M S, Brenciani A, et al. Different Genetic Elements Carrying the tet (W) Gene in Two Human Clinical Isolates of *Streptococcus suis*[J]. Antimicrobial agents chemotherapy, 2010, 55 (2): 631-636.

[47] Ye C Y, Zheng H, Zhang J, et al. Clinical, Experimental, and Genomic Differences between Intermediately Pathogenic, Highly Pathogenic, and Epidemic *Streptococcus suis*[J]. Journal of infectious diseases, 2009, 199 (1): 97-107.

[48] Hu P, Yang M, Zhang A, et al. Complete genome sequence of *Streptococcus suis* serotype 14 strain JS14[J]. Journal of bacteriology, 2011, 193 (9): 2375-2376.

[49] Barile S, Devirgiliis C, Perozzi G. Molecular characterization of a novel mosaic tet (S/M) gene encoding tetracycline resistance in foodborne strains of *Streptococcus bovis*[J]. Microbiology, 2012, 158 (Pt 9): 2353–2362.

[50] Novais C, Freitas A R, Silveira E, et al. A tet (S/M) hybrid from CTn6000 and CTn916 recombination[J]. Microbiology, 2012, 158 (Pt 11): 2710–2711.

[51] Roberts M. C. Resistance to macrolide, lincosamide, streptogramin, ketolide, and oxazolidinone antibiotics[J]. Molecular biotechnology, 2004, 28 (1): 47–62.

[52] Zhanel G G, Dueck M, Hoban D J, et al. Review of macrolides and ketolides - Focus on respiratory tract infections[J]. Drugs, 2001, 61 (4): 443–498.

[53] Martel A, Devriese L A, Decostere A, et al. Presence of macrolide resistance genes in streptococci and enterococci isolated from pigs and pork carcasses[J]. International journal of food microbiology, 2003, 84 (1): 27–32.

[54] Martel A, Baele M, Devriese L A, et al. Prevalence and mechanism of resistance against macrolides and lincosamides in *Streptococcus suis* isolates[J]. Veterinery microbiology, 2001, 83 (3): 287–297.

[55] Achard A, Villers C, Pichereau V, et al. New lnu (C) gene conferring resistance to lincomycin by nucleotidylation in Streptococcus agalactiae UCN36[J]. Antimicrobial agents chemotherapy, 2005, 49 (7): 2716–2719.

[56] Huang J H, Li Y X, Shang K X, et al. Efflux Pump, Methylation and Mutations in the 23S rRNA Genes Contributing to the Development of Macrolide Resistance in *Streptococcus suis* Isolated from Infected Human and Swine in China[J]. Pakistan veterinary journal, 2014, 34 (1): 82–86.

[57] Roberts M C. Update on macrolide-lincosamide-streptogramin, ketolide, and oxazolidinone resistance genes[J]. FEMS microbiology letter, 2008, 282 (2): 147–159.

[58] Chu Y W, Cheung T K, Chu M Y, et al. Resistance to tetracycline, erythromycin and clindamycin in *Streptococcus suis* serotype 2 in Hong Kong[J]. International journal of antimicrobial agents, 2009, 34 (2): 181–182.

[59] Huang J, Shang K, Kashif J, et al. Genetic diversity of *Streptococcus suis* isolated from three pig farms of China obtained by acquiring antibiotic resistance genes[J]. Journal of science food agriculture, 2014, 95(7): 1454–1460.

[60] Ojo K K, Ruehlen N L, Close N S, et al. The presence of a conjugative Gram-positive Tn2009 in Gram-negative commensal bacteria[J]. The journal of antimicrobial chemotherapy, 2006, 57 (6): 1065–1069.

[61] Nunez-Samudio V, Chesneau O. Functional interplay between the ATP binding cassette Msr (D)

protein and the membrane facilitator superfamily Mef (E) transporter for macrolide resistance in *Escherichia coli*[J]. Research microbiology, 2013, 164 (3): 226-235.

[62] Dutta G N, Devriese L A. Resistance to macrolide, lincosamide and streptogramin antibiotics and degradation of lincosamide antibiotics in streptococci from bovine mastitis[J]. The journal of antimicrobial chemotherapy, 1982, 10 (5): 403-408.

[63] Zhao Q, Wendlandt S, Li H, et al. Identification of the novel lincosamide resistance gene lnu (E) truncated by ISEnfa5-cfr-ISEnfa5 insertion in *Streptococcus suis*: de novo synthesis and confirmation of functional activity in *Staphylococcus aureus*[J]. Antimicrobial agents and chemotherapy, 2014, 58 (3): 1785-1788.

[64] Depardieu F, Courvalin P. Mutation in 23S rRNA responsible for resistance to 16-membered macrolides and streptogramins in *Streptococcus pneumoniae*[J]. Antimicrobial agents and chemotherapy, 2001, 45 (1): 319-323.

[65] Besier S, Hunfeld K P, Giesser I, et al. Selection of ketolide resistance in *Staphylococcus aureus*[J]. International journal of antimicrobial agents, 2003, 22 (1): 87-88.

[66] Harms J M, Bartels H, Schlunzen F, et al. Antibiotics acting on the translational machinery[J]. Journal of Cell Science, 2003, 116 (Pt 8): 1391-1393.

[67] Brodersen D E, Nissen P. The social life of ribosomal proteins[J]. FEBS Journal, 2005, 272 (9): 2098-2108.

[68] Farrell D J, Morrissey I, Bakker S, et al. In vitro activities of telithromycin, linezolid, and quinupristin-dalfopristin against *Streptococcus pneumoniae* with macrolide resistance due to ribosomal mutations[J]. Antimicrobial agents chemotherapy, 2004, 48 (8): 3169-3171.

[69] Vester B, Douthwaite S. Macrolide resistance conferred by base substitutions in 23S rRNA[J]. Antimicrobial agents chemotherapy, 2001, 45 (1): 1-12.

[70] Schwarz S, Werckenthin C, Kehrenberg C. Identification of a plasmid-borne chloramphenicol-florfenicol resistance gene in *Staphylococcus sciuri*[J]. Antimicrobial agents chemotherapy, 2000, 44 (9): 2530-2533.

[71] Long K S, Poehlsgaard J, Kehrenberg C, et al. The Cfr rRNA methyltransferase confers resistance to Phenicols, Lincosamides, Oxazolidinones, Pleuromutilins, and Streptogramin A antibiotics[J]. Antimicrobial agents chemotherapy, 2006, 50 (7): 2500-2505.

[72] Shen J Z, Wang Y, Schwarz S. Presence and dissemination of the multiresistance gene cfr in Gram-positive and Gram-negative bacteria[J]. The journal of antimicrobial chemotherapy, 2013, 68 (8): 1697-1706.

[73] Wang Y, Li D X, Song L, et al. First Report of the Multiresistance Gene cfr in *Streptococcus suis*[J]. Antimicrobial agents chemotherapy, 2013, 57 (8): 4061-4063.

[74] Huang Y T, Teng L J, Ho S W, et al. *Streptococcus suis* infection[J]. Journal of microbiology immunology infection, 2005, 38 (5): 306–313.

[75] Ge Y, Wu J Y, Xia Y J, et al. Molecular Dynamics Simulation of the Complex PBP–2x with Drug Cefuroxime to Explore the Drug Resistance Mechanism of *Streptococcus suis* R61[J]. Plos ONE, 2012, 7 (4).

[76] Hu P, Yang M, Zhang A, et al. Comparative genomics study of multi-drug-resistance mechanisms in the antibiotic-resistant *Streptococcus suis* R61 strain[J]. Plos ONE, 2011, 6 (9): e24988.

[77] Vakulenko S B, Mobashery S. Versatility of Aminoglycosides and prospects for their future[J]. Clinical microbiology reviews, 2003, 16 (3): 430-+.

[78] Touil F, Higgins R, Nadeau M. Isolation of *Streptococcus suis* from diseased pigs in Canada[J]. Veterinary microbiology, 1988, 17 (2): 171–177.

[79] Tian Y, Aarestrup F M, Lu C P. Characterization of *Streptococcus suis* serotype 7 isolates from diseased pigs in Denmark[J]. Veterinary microbiology, 2004, 103 (1–2): 55–62.

[80] Chen C, Tang J Q, Dong W, et al. A Glimpse of Streptococcal Toxic Shock Syndrome from Comparative Genomics of *S.suis* 2 Chinese Isolates[J]. Plos ONE, 2007, 2 (3): e315.

[81] Escudero J A, San Millan A, de la Campa A G, et al. First characterization of fluoroquinolone resistance in *Streptococcus suis*[J]. Antimicrobial agents chemotherapy, 2007, 51 (2): 777–782.

[82] Escudero J A, San Millan A, Montero N, et al. SatR Is a Repressor of Fluoroquinolone Efflux Pump SatAB[J]. Antimicrobial agents chemotherapy, 2013, 57 (7): 3430–3433.

[83] Escudero J A, San Millan A, Gutierrez B, et al. Fluoroquinolone Efflux in *Streptococcus suis* Is Mediated by SatAB and Not by SmrA[J]. Antimicrobial agents chemotherapy, 2011, 55 (12): 5850–5860.

[84] Bigger J W. Treatment of staphylococcal infections with penicillin - By intermittent sterilisation[J]. Lancet, 1944, 2: 497–500.

[85] Keren I, Kaldalu N, Spoering A, et al. Persister cells and tolerance to antimicrobials[J]. FEMS microbiology Letter, 2004, 230 (1): 13–18.

[86] Balaban N Q, Gerdes K, Lewis K, et al. A problem of persistence: still more questions than answers[J]? Nature reviews microbiology, 2013, 11 (8): 587–591.

[87] Willenborg J, Willms D, Bertram R, et al. Characterization of multi-drug tolerant persister cells in *Streptococcus suis*[J]. BMC Microbiology, 2014, 14 (1): 120.

[88] Nguyen D, Joshi-Datar A, Lepine F, et al. Active starvation responses mediate antibiotic tolerance in biofilms and nutrient-limited bacteria[J]. Science, 2011, 334 (6058): 982–986.

[89] Lewis K. Persister cells[J]. Annual review of microbiology, 2010, 64: 357−372.

[90] Claudi B, Sprote P, Chirkova A, et al. Phenotypic Variation of Salmonella in Host Tissues Delays Eradication by Antimicrobial Chemotherapy[J]. Cell, 2014, 158 (4): 722−733.

[91] Donlan R M, Costerton J W. Biofilms: survival mechanisms of clinically relevant microorganisms[J]. Clinical microbiology reviews, 2002, 15 (2): 167−193.

[92] Xu K D, McFeters G A, Stewart P S. Biofilm resistance to antimicrobial agents[J]. Microbiology-Uk, 2000, 146: 547−549.

[93] Anderl J N, Zahller J, Roe F, et al. Role of nutrient limitation and stationary-phase existence in Klebsiella pneumoniae biofilm resistance to ampicillin and ciprofloxacin[J]. Antimicrobial agents chemotherapy, 2003, 47 (4): 1251−1256.

[94] Grenier D, Grignon L, Gottschalk M. Characterisation of biofilm formation by a *Streptococcus suis* meningitis isolate[J]. Veterinary journal, 2009, 179 (2): 292−295.

[95] Guo D W, Wang L P, Lu C P. In Vitro Biofilm Forming Potential of *Streptococcus suis* Isolated from Human and Swine in China[J]. Brazil journal microbiology, 2012, 43 (3): 993−1004.

[96] Bennett P M. Plasmid encoded antibiotic resistance: acquisition and transfer of antibiotic resistance genes in bacteria[J]. British journal of pharmacology, 2008, 153 Suppl 1: S347−357.

[97] Gierl A, Saedler H. Plant-transposable elements and gene tagging[J]. Plant molecular biology, 1992, 19 (1): 39−49.

[98] Martel A, Decostere A, Leener E D, et al. Comparison and transferability of the erm (B) genes between human and farm animal streptococci[J]. Microbial drug resistance, 2005, 11 (3): 295−302.

[99] Recchia G D, Hall R M. Gene cassettes: a new class of mobile element[J]. Microbiology, 1995, 141 (Pt 12): 3015−3027.

[100] Geiman T M, Sankpal U T, Robertson A K, et al. Isolation and characterization of a novel DNA methyltransferase complex linking DNMT3B with components of the mitotic chromosome condensation machinery[J]. Nucleic acids research, 2004, 32 (9): 2716−2729.

[101] Moura A, Soares M, Pereira C, et al. INTEGRALL: a database and search engine for integrons, integrases and gene cassettes[J]. Bioinformatics, 2009, 25 (8): 1096−1098.

[102] Nandi S, Maurer J J, Hofacre C, et al. Gram-positive bacteria are a major reservoir of Class 1 antibiotic resistance integrons in poultry litter[J]. PNAS, 2004, 101 (18): 7118−7122.

[103] Burrus V, Waldor M K. Shaping bacterial genomes with integrative and conjugative elements[J]. Research microbiology, 2004, 155 (5): 376−386.

[104] Brochet M, Couve E, Glaser P, et al. Integrative conjugative elements and related elements are major contributors to the genome diversity of *Streptococcus agalactiae*[J]. Journal of

bacteriology, 2008, 190 (20): 6913-6917.

[105] Palmieri C, Magi G, Creti R, et al. Interspecies mobilization of an erm (T) -carrying plasmid of *Streptococcus dysgalactiae* subsp. *equisimilis* by a coresident ICE of the ICESa2603 family[J]. The journal of antimicrobial chemotherapy, 2013, 68(1): 23-26.

[106] Boyd E F, Almagro-Moreno S, Parent M A. Genomic islands are dynamic, ancient integrative elements in bacterial evolution[J]. Trends in microbiology, 2009, 17 (2): 47-53.

[107] Wu Z F, Wang W X, Tang M, et al. Comparative genomic analysis shows that *Streptococcus suis* meningitis isolate SC070731 contains a unique 105 K genomic island[J]. Gene, 2014, 535 (2): 156-164.

[108] Li M, Shen X, Yan J, et al. GI-type T4SS-mediated horizontal transfer of the 89K pathogenicity island in epidemic *Streptococcus suis* serotype 2[J]. Molecular microbiology, 2011, 79 (6): 1670-1683.

[109] Brenciani A, Bacciaglia A, Vignaroli C, et al. Phim46.1, the main *Streptococcus pyogenes* element carrying mef (A) and tet (O) genes[J]. Antimicrobial agents chemotherapy, 2010, 54 (1): 221-229.

[110] Hill K E, Top E M. Gene transfer in soil systems using microcosms[J]. FEMS microbiology ecology, 1998, 25 (4): 319-329.

[111] Davies J. Inactivation of antibiotics and the dissemination of resistance genes[J]. Science, 1994, 264 (5157): 375-382.

[112] Eckburg P B, Bik E M, Bernstein C N, et al. Diversity of the human intestinal microbial flora[J]. Science, 2005, 308 (5728): 1635-1638.

[113] Gonzalez-Zorn B, Escudero J A. Ecology of antimicrobial resistance: humans, animals, food and environment[J]. International microbiology : the official journal of the Spanish Society for Microbiology, 2012, 15 (3): 101-109.

[114] Yang S W, Carlson K. Evolution of antibiotic occurrence in a river through pristine, urban and agricultural landscapes[J]. Water research, 2003, 37 (19): 4645-4656.

[115] Batt A L, Snow D D, Aga D S. Occurrence of sulfonamide antimicrobials in private water wells in Washington County, Idaho, USA[J]. Chemosphere, 2006, 64 (11): 1963-1971.

[116] Alvarez-Martinez C E, Christie P J. Biological Diversity of Prokaryotic Type IV Secretion Systems[J]. Microbiology and molecular biology reviews, 2009, 73 (4): 775-808.

[117] Moon K, Shoemaker N B, Gardner J F, et al. Regulation of excision genes of the Bacteroides conjugative transposon CTnDOT[J]. Journal of bacteriology, 2005, 187 (16): 5732-5741.

[118] CLSI: Performance Standards for Antimicrobial Susceptibility Testing; Twentieth Informational Supplement. In: CLSI document M100-S20. Wayne, PA: Clinical and Laboratory

Standards Institute,2010.

[119] Farrell D J, Morrissey I, Bakker S, et al. Detection of macrolide resistance mechanisms in Streptococcus pneumonide and Streptococcus pyogenes using a multiplex rapid cycle PCR with microwell-format probe hybridization[J]. The journal of antimicrobial chemotherapy, 2001, 48 (4): 541–544.

[120] Zeng X Y, Kong F R, Wang H, et al. Simultaneous detection of nine antibiotic resistance-related genes in *Streptococcus agalactiae* using multiplex PCR and reverse line blot hybridization assay[J]. Antimicrobial agents chemotherapy, 2006, 50 (1): 204–209.

[121] Liu Y, Ye X Y, Zhang H, et al. Rapid detection of Mycoplasma pneumoniae and its macrolide-resistance mutation by Cycleave PCR[J]. Diagnostic microbiology and infectious disease, 2014, 78 (4): 333–337.

[122] Babic A, Lindner A B, Vulic M, et al. Direct Visualization of Horizontal Gene Transfer[J]. Science, 2008, 319 (5869): 1533–1536.

[123] Babic A, Berkmen M B, Lee C A, er al. Efficient Gene Transfer in Bacterial Cell Chains[J]. mBio, 2011, 2 (2): e00027–00011.

猪链球菌病 \ SWINE STREPTOCOCCOSIS

第五章
临床症状与诊断

第一节 临床症状

一、猪感染猪链球菌的临床症状

不同年龄、不同品种的猪对猪链球菌均具感染性，尤其是新生仔猪和哺乳仔猪更具易感性，发病率和死亡率均较高，成年猪发病较少。基于病程的不同，猪链球菌病在临床上呈现为最急性型、急性型和慢性型。

（一）最急性型

无任何前期症状，突然发病，多于次日早晨死亡。或倒地不起，口鼻流白沫。触摸时惊叫，全身皮肤呈蓝紫色，体温42℃以上，常于感染后12～18h死亡。

（二）急性型

以败血症型和脑膜炎型为主，分别介绍如下。

1. 败血症型　常呈暴发流行，突然发生，全身症状明显，精神沉郁，食欲不振或废绝，体温41～43℃，稽留热。眼结膜潮红，有泪迹。鼻盘微红，流鼻液或浆液性鼻漏，有的从口角流出少量黏液；粪干硬，多有便秘，有的表面上附有黏膜；尿呈黄色或赤褐色。两耳、鼻腔、颈、背部、整个下腹皮肤、四肢内侧呈广泛性充血、潮红或紫斑（图5-1）。数小时内可见后躯软弱，两后肢交叉或并在一起支撑，难以站立，甚至后躯麻痹，四肢运动不协调，后期有的呈犬坐姿势，呼吸短促或困难，可听到喘息声，有的出现抽搐、空嚼或昏睡等神经症状。病程快，若治疗不及时，则1～2d内死亡，死前天然孔流出暗红色血液，病死率达80%～90%。

图 5-1 病死猪全身发绀
（陆承平提供）

图 5-2 病猪运动失调、四肢作游泳状
（上海市动物疫病预防控制中心王建提供）

2. 脑膜炎型 多见于仔猪，常因断乳、去势、转群和气候骤变等因素诱发。病初体温升高（40.5~42.5℃），不食，便秘，有浆性或黏性鼻漏。病猪很快表现出神经症状，如共济失调、转圈、空嚼，继而后肢麻痹，前肢爬行，四肢作游泳状或昏迷不醒等（图5-2）。最急性者数小时内死亡，病程达3~5d者，部分猪的头、颈、背等部位出现水肿。

（三）慢性型

以关节炎型、淋巴结炎型以及心内膜炎型为主。

1. 关节炎型 1~3日龄的幼猪发生较多，仔猪也可发生。主要表现为一肢或几肢关节肿胀、疼痛、跛行或不能站立，体温升高，被毛错乱，病程平均2~3周。关节炎型病例占发病总数的45%~50%。

2. 淋巴结炎型 临床以下颌淋巴结化脓性炎症最为常见，咽、耳下、颈部等淋巴结有时也受侵害。受侵害的淋巴结发炎肿胀、硬固、热痛，病猪表现全身不适，体温正常或稍高。由于局部的压迫和疼痛，可影响采食、咀嚼、吞咽甚至产生呼吸障碍。当脓肿成熟、破溃时，全身症状也显著好转，长出肉芽组织，结疤愈合，病程3~5周，一般不引起死亡。

3. 心内膜炎型 本型在生前不易发现和诊断，多发于仔猪，临床表现为突然死亡。也有些表现为呼吸困难，皮肤苍白或体表发绀，很快死亡，常与脑膜炎型并发。

二、人感染猪链球菌的临床症状

（一）临床表现

人体感染猪链球菌后，常为急性起病，轻重不一，表现多样[1]，包括：

感染中毒症状：高热、畏寒、寒战，伴头痛、头晕、全身不适、乏力等。

消化道症状：食欲下降、恶心、呕吐，少数患者出现腹痛、腹泻。

皮疹：皮肤出现瘀点、瘀斑，部分病例可出现口唇疱疹。

休克：血压下降，末梢循环障碍。

中枢神经系统感染表现：脑膜刺激征呈阳性，重者可出现昏迷。

呼吸系统表现：部分严重患者继发急性呼吸窘迫综合征（ARDS），出现呼吸衰竭症状。

听力、视力改变：听力下降，视力下降，且恢复较慢。

其他：少数患者可能出现关节炎、化脓性咽炎、化脓性淋巴结炎等，严重患者还可能出现肝脏、肾脏等重要脏器的功能损害。

（二）症状分类

根据患者临床症状的不同主要分为4种类型[1]：

1. 普通型　以感染中毒症状为主要表现，出现畏寒、高热，可伴头痛、头昏、全身不适、乏力、腹痛、腹泻等症状，外周血白细胞计数升高，中性粒细胞比例升高。

2. 败血症休克型　以中毒休克综合征（STSS）为突出表现。主要临床表现：突发高热、头痛，出现腹泻等胃肠道症状，皮肤出现瘀点、瘀斑等。瘀点、瘀斑主要分布在四肢和头面部，不突出于皮肤。病情进展迅速，很快转入多器官衰竭，如呼吸窘迫综合征、心力衰竭、弥散性血管内凝血（DIC）和急性肾衰竭等。

3. 脑膜炎型　以高热、头痛、脑膜刺激征阳性等脑膜炎综合征为突出表现，脑脊液呈化脓性改变。85%的病例具有典型脑膜炎表现，其突出特点是耳聋的发生率（54%～80%）明显高于其他细菌性脑膜炎，20%～53%的病例发生化脓性关节炎。而与肺炎链球菌脑膜炎不同，很少发生鼻窦炎或中耳炎。

4. 混合型　在中毒性休克综合征基础上，出现化脓性脑膜炎表现。

第二节　病理变化

根据病猪的剖检病变主要分为四种类型：

一、败血症型

以出血性败血症病变和浆膜炎为主，血凝不良，皮肤有紫斑，黏膜、浆膜下出血。部分病猪在皮肤上可见紫靛色，多数能见到鼻、口流出带泡沫的粉红色液体。鼻黏膜紫红色，充血及出血。喉头、气管充血，常见大量泡沫。心包中有淡黄色积液，少数可见轻度纤维素性心包炎，心内膜有出血斑点。肺充血、肿胀。脾出血、肿胀（图5-3）。全身淋巴管有不同程度的肿大、充血和出血，病期稍长的病例可见轻度的纤维素性胸膜炎。腹腔有少量淡黄色积液，部分病例有轻度纤维性腹膜炎。多数病例脾肿大，少数增大1～3倍，呈暗红色或紫蓝色，柔软而易脆裂。胃和小肠黏膜有不同程度的充血和出血。肾脏多为轻

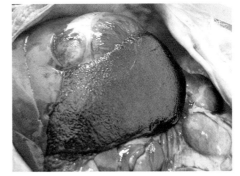

图5-3　病猪脾出血、肿胀
（上海市动物疫病预防控制中心王建提供）

度肿大、充血和出血（图5-4）。膀胱黏膜充血，或有点状出血。胰腺充血，浆膜与间质炎性水肿。内分泌腺：肾上腺肿大、充血，部分病例的皮质出血；甲状腺充血、水肿，或有出血；脑垂体充血。脑膜有不同程度的充血，有时出血。

图5-4 病猪肾充血、出血
（上海市动物疫病预防控制中心王建提供）

二、脑膜炎型

脑膜充血、出血，严重者溢血（图5-5），少数脑膜下充满积液，脑切面可见白质和灰质有明显的小点出血，中性粒细胞弥漫性浸润。其他的组织病理学特征包括脑脊膜和脉络丛的纤维蛋白渗出、水肿和细胞浸润。脑室内可见纤维蛋白和炎性细胞。脉络丛上皮细胞、脑室浸润细胞以及外周血单核细胞中可发现细菌。其他与败血型变化相似。

图5-5 病猪脑膜出血、脑实质出血
（上海市动物疫病预防控制中心王建提供）

三、关节炎型

早期变化是滑膜血管扩张和充血，关节表面可能出现纤维蛋白性多发性浆膜炎。受影响的关节，囊壁可能增厚，滑膜形成红斑，滑液量增加，并含有炎性细胞。关节高度肿大，关节囊组织变性增生，囊内充血，滑液浑浊，重者关节化脓（图5-6）。

图5-6 关节炎型病猪，关节肿胀
（陆承平提供）

四、心内膜炎型

死猪气管充血,充满淡红色泡沫样液体;全身淋巴结肿大充血;心内膜有弥漫性出血点(图5-7);肺部有大量出血点,有时水肿;脾、肾充血、出血,体积增大,脾肿大有时有黑色梗死病灶;胃和小肠黏膜有不同程度的充血、出血或溃疡;肝脏呈暗红色、肿大,切开流出暗红色血液;大脑充血、出血。

图5-7 心内膜炎型病猪,心瓣膜上形成赘生物
(上海市动物疫病预防控制中心王建提供)

第三节 诊断

一、常规病原学诊断

(一)涂片镜检与分离培养

无菌采取病猪或死猪血或关节液涂片,或用肝、脾等实质脏器触片,染色后镜检。若观察到短链的球菌,则可作出初步诊断。但引致动物感染和发病的链球菌种类较多,所以需要进行进一步的分离、培养、纯化和鉴定。

无菌采取发病猪或病死猪的血液、脓汁、关节液以及肝脏等划线接种于血平板（含5%的绵羊血或兔血）或THB平板，37℃恒温培养24h，观察菌落。猪链球菌的菌落小，灰白透明，稍黏滞。陈旧培养物有时革兰染色呈红色。菌体直径1~2μm，单个或双卵圆形，在液体培养中才呈短链状（见图1-2）。α或β溶血，一般起先为α溶血，延时培养后则变为β溶血。或者菌落周围不见溶血，刮去菌落则可见α或β溶血。猪链球菌2型在绵羊血平板上呈α溶血，在马血平板上则为β溶血。

（二）生化试验

将上述菌落接种于糖发酵管，37℃培养24h，能发酵葡萄糖、蔗糖、水杨苷、乳糖、山梨醇和麦芽糖，产酸不产气；不能发酵棉子糖、木糖，不产生硫化氢。不同菌株对果糖、蕈糖、菊糖的发酵和对七叶苷、淀粉的分解能力不确定。甲基红试验、胆汁溶解试验、美蓝还原试验阳性；不能在6.5%氯化钠液中生长。

（三）动物接种试验

可用小型猪、斑马鱼、小鼠等动物模型评价猪链球菌毒力，详见第二章第四节"动物模型"。记录猪链球菌接种后动物的临床症状、死亡时间；对于死亡动物进行剖检，肉眼观察病变，取脏器接种培养后，镜检是否回收到与病料相同的链状球菌[2]。

二、免疫学诊断

猪链球菌血清型众多，常用血清型特异性抗体或抗原进行猪链球菌的诊断。常用的免疫学检测方法有凝集试验、酶联免疫吸附试验（ELISA）和胶体金免疫层析技术等。

(一) 凝集试验

凝集试验是常规的微生物定性检测方法之一，用已知的抗原（抗体）来检测未知的抗体（抗原）。该法常用于菌种的鉴定和细菌血清分型，最常见的凝集试验有直接玻片凝集法和间接凝集法。Gottschalk和Higgins分别用直接玻片凝集法进行了猪链球菌的血清型鉴定，相继确定了猪链球菌9~34型。

间接凝集法则是将可溶性抗原（或抗体）先吸附在一种与特异性反应无关、具有一定大小的载体颗粒表面成为致敏载体颗粒，然后与相应抗体（或抗原）结合，在适量电解质存在的条件下，出现肉眼可见的特异性凝集现象，即为间接凝集反应，此法敏感度比直接凝集反应高，因而广泛地应用于临床检测中。间接凝集反应中常用的载体颗粒有人"O"型红细胞、动物红细胞、活性炭或硅酸铝颗粒和聚苯乙烯乳胶微球等。

周明光等（2007）用猪链球菌的*sly*基因表达蛋白作为抗原致敏绵羊红细胞，建立了猪链球菌间接血凝检测方法，通过与间接ELISA结果相比，总符合率为81.1%，表明间接血凝检测方法具有良好的特异性、敏感性和重复性。姜天童等[3]分别采用链球菌C、D、E和R血清群的参考菌株制备了血清群特异性抗原致敏绵羊红细胞，与相应的群特异抗体进行间接血凝试验，均能发生特异性血凝反应，并具有良好的重复性。上述报道的结果均有待他人的试验证实。

此外，荚膜反应试验也是测定猪链球菌血清型的重要方法。取5~6h的猪链球菌培养物（其表面含大量荚膜，而多糖抗原则存在于荚膜上），与猪链球菌型特异性抗血清混合，进而用相差显微镜观察结果，并设置空白对照进行比较[4]。由于在细菌培养过程中，荚膜常因培养时间过长而脱落，因此应注意液体培养时间应少于10h，固体培养时间应少于16~18h，否则血清学反应的敏感性会下降，容易误判。

(二)酶联免疫吸附试验(ELISA)

Vecht等[5]利用双抗体夹心ELISA对猪链球菌2型致病菌株与非致病菌株进行分析,试验结果表明建立的两个双抗体夹心ELISA在诊断猪链球菌2型致病菌株方面具有快速、可靠、简单等优点,溶菌酶释放蛋白(MRP)和细胞外蛋白因子(EF)的双抗体夹心ELISA检测结果与Western blot的检测结果几乎一致。Campo等[6]建立了以荚膜多糖为抗原的ELISA(CPS-ELISA)方法,用于检测猪链球菌2型的抗体,并与以菌体为抗原的ELISA(WCA-ELISA)方法进行比较。结果显示,用兔抗血清检查其他血清型时,WCA-ELISA的特异性很低,由于存在共同抗原,因此出现交叉反应,而标准化的CPS-ELISA在每孔用0.1mg的抗原时交叉反应能显著地降低,但与猪链球菌1/2、12和17型仍存在交叉反应。

周明光等(2007)应用猪链球菌2型的CPS作为抗原建立了间接ELISA方法,通过对条件的全面优化,研制的猪链球菌2型间接ELISA抗体检测试剂盒与常见的猪其他传染病病原无交叉反应,可用于猪链球菌2型的抗体水平的检测和诊断。欧瑜等[7]通过提纯猪链球菌2型毒力相关蛋白MRP和EF,制备单抗,建立了猪链球菌Dot-ELISA和间接ELISA检测法,两种ELISA的检测结果一致。

(三)胶体金免疫层析技术

胶体金免疫层析技术(Immune colloidal gold technique,GICT)是近10年来迅速发展起来的一种将胶体金标记技术、免疫检测技术、层析分析技术、单克隆抗体技术和新材料技术等多种方法有机结合在一起的一种新型体外诊断技术。GICT具有简单快速、结果明确、无需复杂操作技巧和特殊设备等优点,已成为临床及检疫诊断领域发展的一个新方向。鞠莹等[8]用柠檬酸盐还原法制备胶体金颗粒,标记猪链球菌2型多克隆抗体，建立了猪链球菌2型胶体金免疫层析试纸条，其检出下限为10^6CFU/mL，从检测到结果判定需时5~15min，与其他常见致病菌及链球菌无交叉反应，可用于猪链球菌2型的快速初筛和检测。

(四)免疫荧光检测技术

免疫荧光检测技术是基于荧光素标记技术、特异性抗原抗体反应，以及形成的抗原抗体复合物上标记的荧光素在组织或细胞内的分布情况，从而确定抗原的性质、定位和含量。于新和等[9]利用所提取的兔抗猪链球菌IgG制备出兔抗猪链球菌荧光抗体，并利用吸收试验、特异性抑制试验对自制的荧光抗体进行了检验。结果表明，利用自制荧光抗体可在2~3h内对猪链球菌作出诊断，比直接镜检更具有特异性和敏感性。

量子点荧光检测技术是一种更具吸引力的检测技术，量子点(Quantum dots，QDs)，是一种半导体纳米材料，与传统的荧光试剂相比，具有荧光量子产率高、激发光谱范围宽、发射光谱范围窄、抗光漂白性强、空间兼容性好等优良特性，因而引起了生物和医学研究人员的广泛关注。武红敏等[10]通过合成具有高发光效率的巯基乙酸修饰的CdSe/ZnS量子点，并制备基于猪链球菌2型重要毒力因子——溶菌酶释放蛋白(MRP)抗体的CdSe/ZnS量子点荧光探针。利用这种探针，建立起一种检测MRP抗原的新方法，该方法的线性检测范围为5.0×10^{-8}~1.5×10^{-6}mol/L，检测下限为1.9×10^{-8}mol/L，为猪链球菌的检测提供了一种新方法。

三、分子生物学诊断

几乎所有分子生物学检测技术均已在猪链球菌病的诊断上进行了应用(表5-1)，在检测的灵敏度和特异性上可满足临床检测需要。除第三章第二节介绍的方法外，还包含下述诊断方法。

表 5-1　已报道的猪链球菌检测方法汇总表[23]

检测方法	关键技术描述	建立的年代
微生物学检测技术		
选择性培养基	改良的含 5% 去纤维绵羊血和结晶紫的 Todd-Hewitt Broth 琼脂平板[24]	1991
分子生物学检测技术		
传统聚合酶链式反应（PCR）	以 gdh 作为靶基因[13]	2003
拭子 PCR	以 epf 作为靶基因[25]	2005
套式（Nested）PCR	用于区分猪链球菌与其他致病菌[26]	2012
环介导等温扩增技术	LAMP 比传统的 PCR 灵敏 100 ~ 1 000 倍以上[20, 27]	2012/2013
实时定量（Real-time）PCR	以 cps2J、gdh 作为靶基因[18, 19]	2010/2011
多重 PCR	以 mrp、epf 作为靶基因[28, 29]	1998/1999
	以 cps、epf 作为靶基因[30]	2002
	以 mrp、epf、sly 作为靶基因[15-17]	2000/2003
	以 cps、epf、mrp、sly、arcA、gdh 作为靶基因[17, 31]	2006/2013
	以 16s、cps2J 作为靶基因[32]	2004
限制性片段长度多态性（RFLP）	用于核糖体分型[33]	1995
PFGE	脉冲电场凝胶电泳（Pulsed-field gel electrophoresis）[11, 34-40]	2002—2011
ISR-RFLP	用 PCP 方法扩增 16S ~ 23S rDNA 的基因间隔区域（Intergenic spacer region，ISR），进而再用 RFLP 进行分析[11, 12]	2006/2007
MLST	多位点序列分型（Multi-Locus sequence typing）[35, 37, 41-45]	2002/2007—2012
MLVA	多位点可变数目串联重复序列分析[46]	2010
RAPD	随机扩增多态性（Randomly amplified polymorphic DNA）[47]	1999

（续）

检测方法	关键技术描述	建立的年代
免疫学检测技术		
原位杂交	以 16S *rRNA* 为靶基因 [48, 49]	2000/2001
酶联免疫吸附试验（ELISA）	以 MRP/EF 作为抗原的 ELISA[50]	1993
间接 ELISA	以 CPS 作为获得性抗原的间接 ELISA[51, 52]	1996
表面增强拉曼散射法	以 MRP 蛋白作为获得性抗原的 SERS[53]	2012
间接免疫荧光法 [49]	/	2000
过氧化物酶-抗过氧化物酶法 [49]	/	2000
免疫色谱技术法	用于检测 CPS 抗体 [54]	2007
胶体金免疫层析法	直接检测猪链球菌 2 型抗原 [55]	2010

（一）常规PCR技术

PCR技术是一种高效的体外扩增基因的方法，已广泛应用于细菌的鉴定和诊断，其核心是对待扩增靶基因的选择，一般可选细菌rRNA基因、看家基因及毒力相关基因等。16S rDNA和23S rDNA常被用于细菌学鉴定，但16S rDNA过于保守，对同属菌种的鉴定不太适合，23S rDNA也有类似情况，所以一般只能鉴定猪链球菌属，还往往与其他链球菌发生交叉，导致其使用受到了一定的限制。在16S rDNA与23S rDNA之间，有一段连接序列，称为16–23S rDNA间隔区（IsR），是非功能区，所处的选择压力较小，演化速度是16S rDNA的10倍，已有研究通过分析IsR实现对链球菌属的鉴定 [11, 12]。另外，基于谷氨酸脱氢酶基因（*gdh*）也可进行猪链球菌属的鉴定 [13]。

荚膜多糖合成相关基因（*cps*），也可区分不同血清型猪链球菌。除第一章（第一章第一节中的血清型鉴定）中介绍的PCR方法外，Okura

等[14]利用CPS基因簇基因建立的2步多重PCR法可以快速对猪链球菌进行分型。猪链球菌的毒力相关基因，如 *mrp*、*ef* 和 *sly* 等基因，也常常用于SS2的PCR检测。与其他保守基因联用的多重PCR往往可以实现分型和毒力鉴定的双重目的[15-17]。虽然PCR的敏感性可大大提高病原检测的准确性，但为了避免假阳性问题，建议参考病原分离纯化的结果进行综合判断，同时，每次进行PCR时都需设空白对照。

（二）实时荧光定量PCR

实时荧光定量PCR（Real-time quantitative PCR）能够方便、快速、准确地进行病原体的定性和定量检测。Tran Vu Thieu Nga等[18]以CPS基因簇中的特异性基因 *cps*2J 为靶基因，建立了猪链球菌2型的SYBR Green I实时荧光定量PCR检测方法，用于脑脊液样本中猪链球菌2型的检测。Yang W等[19]以 *gdh* 为靶基因成功建立了实时荧光定量PCR检测方法，用于检测感染猪链球菌2型的实验动物血液中的细菌含量。实时荧光定量PCR检测方法在很大程度上避免了假阳性检测结果，进一步完善了猪链球菌的检测方法。

（三）环介导等温扩增技术

环介导等温扩增技术（Loop-mediated isothermal amplification，LAMP）是由日本学者Notomi等于2000年开发的一种新型核酸扩增技术，LAMP 针对靶基因的6个区域设计两对特异引物，利用链置换DNA聚合酶（Bst DNA Polymerase）在65℃恒温下反应几十分钟，即可完成核酸扩增，具有高特异性和等温扩增的特点，因其具有特异性强、敏感性高、简单、快捷及无需昂贵仪器设备等特点，受到高度关注。Zhang J等[20]建立的LAMP法能够在相同条件下快速检测猪链球菌2型以及89K毒力岛，并且具有快速、灵敏、特异性高等特点，可作为临床检测猪链球菌2型感染的有效方法。

（四）基因芯片技术

基因芯片技术（Microarray）通过将大量核酸探针以微列阵固定于支持物上，当荧光标记的靶分子与芯片上的探针分子结合后，可通过检测荧光信号强度来分析获得待检样本的基因信息，因而可实现高通量、多靶基因的检测和分析，随着大量病原微生物基因组序列测定的完成，基因芯片在病原微生物快速检测中得到广泛的应用。郑峰[21]针对猪链球菌 *cps1*（血清1型和血清14型）、*cps2*（血清2型和血清1/2型）以及 *cps9* 基因的保守区设计特异性的探针，实现了主要致病血清型的鉴定。另外，由于 *epf*、*fbp*、*gdh*、*mrp* 和 *sly* 等毒力相关基因在国内有较高的检出率，故常被选为检测靶位，在流行病学调查和预警中具有应用价值。

（五）核糖体分型技术

核糖体分型技术（Ribotyping）是在RFLP-DNA印迹的基础上发展起来的一种分型方法。细菌16S rRNA具有群间特异性，且其序列高度保守，可以为细菌的诊断及流行病学调查提供帮助。而核糖体分型技术就是选用细菌核糖体中16S和23S rRNA基因为杂交探针。Staats等[22]运用核糖体分型技术对猪链球菌毒力进行研究，经DNA提取、酶切、电泳分离、Southern blotting后，用地高辛标记的16S、23S rRNA反转录cDNA作探针杂交，结果发现该方法能同时区分2型致病菌株与非致病菌株基因。

需要指出的是，上述许多方法，仅仅见于文献报道，是否能够真正应用于临床实践，尚需进一步验证。

四、鉴别诊断

（一）猪瘟

猪瘟（Classical swine fever）是由猪瘟病毒引起的一种急性、发热、接触性传染病。所有猪均易感，不分季节；病毒经消化道、呼吸道、眼结膜、伤口、输精等接触污染空气或污染物感染，也可经胎盘垂直感染。在临床上与猪链球菌病均具有高热稽留（41~42℃）、便秘、皮肤发绀等症状。与猪链球菌病症状的区别在于其皮肤发绀部位主要位于嘴、耳、腹下、四肢内侧，且其病变很有特点，表现为淋巴结大理石样变，脾脏边缘梗死，肾脏、膀胱黏膜和会厌软骨针尖状出血，回盲肠部黏膜纽扣状溃疡等，可依据上述不同与猪链球菌病进行鉴别诊断[56]。

（二）猪肺疫

猪肺疫（Pasteurellosis of swine）是由多杀性巴氏杆菌引起的传染病。该病发生一般无明显的季节性，但以冷热交替、气候突变、多雨、潮湿、闷热的时期多发，多呈散发性，有时呈地方性流行。在临床上与猪链球菌病均具有高热、便秘、皮肤发绀等症状。除此之外，该病主要表现为咳嗽，呼吸困难（严重的呈犬坐式呼吸），颈下咽喉部发生肿胀。其病变特征为咽喉部及其周围结缔组织出血性浆液性浸润，肺脏出现病变区。可据此与猪链球菌病进行鉴别诊断。

（三）猪丹毒

猪丹毒（Erysipelas suis）是由猪丹毒杆菌引起的急性热性传染病。多发生于架子猪，传播较慢。虽然一年四季都有发生，但以炎热多雨季节发病较多，秋凉以后逐渐减少。2005年四川暴发猪链球菌病时，还发现了感染猪丹毒杆菌的个别病例。除在临床上表现为高热、便秘、皮肤发绀等与猪链球菌病相同症状外，典型的猪丹毒主要以皮肤出现疹块为特征，即所谓"打火印"。病变以"大红肾"为特征，即肾脏肿大，呈弥漫性暗红色。这些均可作为与猪链球菌病鉴别的依据[56]。

（四）猪附红细胞体病

猪附红细胞体病（Swine eperythrozoonosis）近年来见诸报道，由附红细胞体引起猪的一种以贫血、黄疸、发热为特征的人畜共患病，多发于夏秋季节，通过伤口或昆虫媒介进行传播，各年龄段的猪均可发生，仔猪和架子猪的死亡率较高。急性型体温升高达40～42℃，厌食，便秘或拉稀，肌肉颤抖，耳、颈、胸、腹及四肢皮肤红紫色，指压不退，成为"红皮猪"，有的猪流涎、咳嗽、呼吸困难和眼结膜炎。慢性型病猪体温升高至39.5℃，贫血，黄疸，尿呈黄色，大便干燥带黑褐色或鲜红色血液。可根据贫血、黄疸等特征与猪链球菌病进行鉴别诊断[56]。

（五）副猪嗜血杆菌感染

副猪嗜血杆菌感染由副猪嗜血杆菌（*Haemophilus parasuis*）引起，以呼吸道症状和关节炎为特征，主要通过空气直接接触感染，其他途径如消化道等也可感染，患病猪或带菌猪是传染源；仔猪易感，尤其是断乳后10d左右易发病，年龄越小越易感。其与关节炎型猪链球菌病均可引起关节炎，其区别在于：猪链球菌病主要表现为多发性关节炎，一个或多个关节周围肌肉肿胀、疼痛、跛行、难以站立；有的后肢瘫痪、卧地不起；触诊关节局部有波动感、少数变硬、皮肤增厚；患猪体温升高，被毛粗乱，食欲不佳，逐渐消瘦。而副猪嗜血杆菌感染主要是跗关节、腕关节肿大、剧痛，用手一捏，疼痛尖叫，整个肢、蹄肿胀，严重时出现肢、蹄体表水肿。可根据上述表现不同进行初步的鉴别诊断。

（六）仔猪水肿病

仔猪水肿病是由致病性大肠杆菌的毒素引起断奶仔猪的疾病，临床会出现神经症状或急性死亡，与脑膜炎型链球菌病相似。不同的表现是：仔猪水肿病由于喉头、声带等发声组织和器官水肿，叫声嘶哑；脑膜炎型链球菌病一般会发生尖叫、空嚼、磨牙。仔猪水肿病所产生的运动障碍常在四肢同时发生；而脑膜炎型链球菌病所产生的运动障碍常有侧重，或前肢严重、或后肢严重或一侧严重，同时有转圈现象。仔猪水肿病的体温一般处于正常范围；脑膜炎型链球菌病的猪体温一般会升高。仔猪水肿病在发病初期常伴有腹泻现象；而脑膜炎型链球菌病常出现便秘。仔猪水肿病一般会出现眼睑水肿、头部皮下水肿；而脑膜炎型链球菌病常在耳尖、四肢下端出现发绀。因此，可根据上述症状的差异作出初步的鉴别诊断。

参考文献

[1] 聂为民，周先志.人感染猪链球菌病[J].人民军医，2005,48(9): 533–536.

[2] 沈艳，华修国，崔立，等.猪链球菌2型感染SPF小型猪模型的构建[J].动物医学进展，2008,29(2): 17–20.

[3] 姜天童，徐涤平，方雨玲，等.链球菌群特异性IHA的建立和应用[J].中国兽医科学，1999,29(2): 8–10.

[4] 陆承平.猪链球菌病与猪链球菌2型[J].科技导报，2005,23(9): 9–10.

[5] Vecht U, Wisselink HJ, Anakotta J, et al. Discrimination between virulent and nonvirulent *Streptococcus suis* type 2 strains by enzyme-linked immunosorbent assay[J]. Veterinary microbiology, 1993, 34(1): 71–82.

[6] de Campo Sepulveda E M, Altman E, Kobiscb M. Detection of antibodies against *Streptococcus suis* capsular type 2 using a purified capsular polysaccharide antigen-based indirect ELISA[J]. Veterinary mirobiology, 1996, 52(1–2): 113–125.

[7] 欧瑜，陆承平.检测猪链球菌2型毒力相关蛋白的ELISA法的建立[J].南京农业大学学报，2001,24(2): 94–97.

[8] 鞠莹，熊国华，曹远银.胶体金免疫层析法检测猪链球菌2型的研究[J].现代生物医学进展，2009,9(10): 1881–1882.

[9] 于新和，陶海静，杜桂欣，等.用链球菌自制荧光抗体检测猪链球菌的研究[J].中国预防兽医学报，2004,26(6): 462–464.

[10] 武红敏，韩鹤友，金梅林，等.CdSe/ZnS量子点探针用于检铡猪链球菌2型溶菌酶释放蛋白(MRP)抗原的新方法研究[J].化学学报，2009,67(10): 1087–1092.

[11] Marois C, Le Devendec L, Gottschalk M, et al. Detection and molecular typing of *Streptococcus suis* in tonsils from live pigs in France[J]. Canadian journal of veterinary research , 2007, 71(1): 14–22.

[12] Marois C, Le Devendec L, Gottschalk M, et al. Molecular characterization of *Streptococcus*

suis strains by 16S–23S intergenic spacer polymerase chain reaction and restriction fragment length polymorphism analysis[J]. Canadian journal of veterinary research, 2006, 70(2): 94–104.

[13] Okwumabua O, O'Connor M, Shull E. A polymerase chain reaction (PCR) assay specific for Streptococcus suis based on the gene encoding the glutamate dehydrogenase[J]. FEMS microbiology letters, 2003, 218(1): 79–84.

[14] Okura M, Lachance C, Osaki M, et al. Development of a two-step multiplex PCR assay for typing of capsular polysaccharide synthesis gene clusters of *Streptococcus suis*[J]. Journal of clinical microbiology , 2014, 52(5): 1714–1719.

[15] Berthelot-Herault F, Morvan H, Keribin A M, et al. Production of muraminidase-released protein (MRP), extracellular factor (EF) and suilysin by field isolates of *Streptococcus suis* capsular types 2, 1/2, 9, 7 and 3 isolated from swine in France[J]. Veterinary research, 2000, 31(5): 473–479.

[16] Martinez G, Pestana de Castro A F, Ribeiro Pagnani K J, et al. Clonal distribution of an atypical MRP$^+$, EF*, and suilysin$^+$ phenotype of virulent *Streptococcus suis* serotype 2 strains in Brazil[J]. Canadian journal of veterinary research ,2003,67(1):52–55

[17] Silva L M, Baums C G, Rehm T, et al. Virulence-associated gene profiling of *Streptococcus suis* isolates by PCR[J]. Veterinary microbiology, 2006, 115(1–3): 117–127.

[18] Nga T V, Nghia H D, Tu le T P, et al. Real-time PCR for detection of *Streptococcus suis* serotype 2 in cerebrospinal fluid of human patients with meningitis[J]. Diagnostic microbiology and infectious disease, 2011, 70(4): 461–467.

[19] Yang W J, Cai X H, Hao Y Q, et al. Characterization of *Streptococcus suis* serotype 2 blood infections using RT-qPCR to quantify glutamate dehydrogenase copy numbers[J]. Journal of microbiological methods , 2010, 83(3): 326–329.

[20] Zhang J H, Zhu J, Ren H, et al. Rapid Visual Detection of Highly Pathogenic *Streptococcus suis* Serotype 2 Isolates by Use of Loop-Mediated Isothermal Amplification[J]. Journal of clinical microbiology, 2013, 51(10): 3250–3256.

[21] 郑峰, 王长军, 曾海攀, 等. 猪链球菌基因芯片检测方法的研究[J]. 中国人兽共患病学报, 2008,24(1): 38-41.

[22] Staats J J, Plattner B L, Nietfeld J, et al. Use of ribotyping and hemolysin activity to identify highly virulent Streptococcus suis type 2 isolates[J]. Journal of clinical microbiology, 1998, 36(1): 15–19.

[23] Feng Y, Zhang H, Wu Z, et al. Streptococcus suis infection: an emerging/reemerging challenge of bacterial infectious diseases?[J]. Virulence, 2014, 5(4): 477–497.

[24] Kataoka Y, Sugimoto C, Nakazawa M, et al. Detection of Streptococcus suis type 2 in tonsils of slaughtered pigs using improved selective and differential media[J]. Veterinary microbiology, 1991, 283(4): 35–42.

[25] Swildens B, Wisselink H J, Engel B, et al. Detection of extracellular factor-positive *Streptococcus suis* serotype 2 strains in tonsillar swabs of live sows by PCR[J]. Veterinary microbiology, 2005, 109(3–4): 223–228.

[26] Kang I, Kim D, Han K, et al. Optimized protocol for multiplex nested polymerase chain reaction to detect and differentiate *Haemophilus parasuis, Streptococcus suis*, and *Mycoplasma hyorhinis* in formalin-fixed, paraffin-embedded tissues from pigs with polyserositis[J]. Canadian journal of veterinary research, 2012, 76(3): 195–200.

[27] Huy N T, Hang le T T, Boamah D, et al. Development of a single-tube loop-mediated isothermal amplification assay for detection of four pathogens of bacterial meningitis[J]. FEMS microbiology letters, 2012, 337(1): 25–30.

[28] Wisselink H J, Reek F H, Vecht U, et al. Detection of virulent strains of *Streptococcus suis* type 2 and highly virulent strains of Streptococcus suis type 1 in tonsillar specimens of pigs by PCR[J]. Veterinary microbiology, 1999, 67(2): 143–157.

[29] Gottschalk M, Lebrun A, Wisselink H, et al. Production of virulence-related proteins by Canadian strains of *Streptococcus suis* capsular type 2[J]. Canadian journal of veterinary research, 1998, 62(1): 75–79.

[30] Wisselink H J, Joosten J J, Smith H E. Multiplex PCR assays for simultaneous detection of six major serotypes and two virulence-associated phenotypes of *Streptococcus suis* in tonsillar specimens from pigs[J]. Journal of clinical microbiology, 2002, 40(8): 2922–2929.

[31] Liu Z, Zheng H, Gottschalk M, et al. Development of multiplex PCR assays for the identification of the 33 serotypes of *Streptococcus suis*[J]. PloS ONE, 2013, 8(8): 72070.

[32] Marois C, Bougeard S, Gottschalk M, et al. Multiplex PCR assay for detection of *Streptococcus suis* species and serotypes 2 and 1/2 in tonsils of live and dead pigs[J]. Journal of clinical microbiology, 2004, 42(7): 3169–3175.

[33] Okwumabua O, Staats J, Chengappa M M. Detection of genomic heterogeneity in *Streptococcus suis* isolates by DNA restriction fragment length polymorphisms of rRNA genes (ribotyping)[J]. Journal of clinical microbiology, 1995, 33(4): 968–972.

[34] Ngo T H, Tran T B, Tran T T, et al. Slaughterhouse pigs are a major reservoir of *Streptococcus suis* serotype 2 capable of causing human infection in southern Vietnam[J]. PLoS ONE, 2011, 6(3): e17943.

[35] Luey C K, Chu Y W, Cheung T K, et al. Rapid pulsed-field gel electrophoresis protocol for

subtyping of *Streptococcus suis* serotype 2[J]. Journal of microbiological methods, 2007, 68(3): 648-650.

[36] Wang L L, Ye C Y, Xu Y M, et al. Development of a protocol on pulsed field gel electrophoresis analysis for *Streptococcus suis*[J]. Zhonghua liu xing bing xue za zhi , 2008, 29(5): 473-477.

[37] Blume V, Luque I, Vela A I, et al. Genetic and virulence-phenotype characterization of serotypes 2 and 9 of *Streptococcus suis* swine isolates[J]. International microbiology , 2009, 12(3): 161-166.

[38] Luque I, Blume V, Borge C, et al. Genetic analysis of *Streptococcus suis* isolates recovered from diseased and healthy carrier pigs at different stages of production on a pig farm[J]. Veterinary journal, 2010, 186(3): 396-398.

[39] Vela A I, Goyache J, Tarradas C, et al. Analysis of genetic diversity of *Streptococcus suis* clinical isolates from pigs in Spain by pulsed-field gel electrophoresis[J]. Journal of clinical microbiology, 2003, 41(6): 2498-2502.

[40] Berthelot-Herault F, Marois C, Gottschalk M, et al. Genetic diversity of *Streptococcus suis* strains isolated from pigs and humans as revealed by pulsed-field gel electrophoresis[J]. Journal of clinical microbiology, 2002, 40(2): 615-619.

[41] Feng Y, Zheng F, Pan X, et al. Existence and characterization of allelic variants of Sao, a newly identified surface protein from *Streptococcus suis*[J]. FEMS microbiology letters, 2007, 275(1): 80-88.

[42] Princivalli M S, Palmieri C, Magi G, et al. Genetic diversity of Streptococcus suis clinical isolates from pigs and humans in Italy (2003-2007)[J]. Euro surveillance : European communicable disease bulletin, 2009, 14(33).

[43] Wang H M, Ke C W, Pan W B, et al. MLST typing of *Streptococcus suis* isolated from clinical patients in Guangdong Province in 2005[J]. Journal of Southern Medical University, 2008, 28(8): 1438-1441.

[44] Chen L, Song Y, Wei Z, et al. Antimicrobial susceptibility, tetracycline and erythromycin resistance genes, and multilocus sequence typing of Streptococcus suis isolates from diseased pigs in China[J]. The Journal of veterinary medical science , 2013, 75(5): 583-587.

[45] King S J, Leigh J A, Heath P J, et al. Development of a multilocus sequence typing scheme for the pig pathogen *Streptococcus suis*: identification of virulent clones and potential capsular serotype exchange[J]. Journal of clinical microbiology, 2002, 40(10): 3671-3680.

[46] Li W, Ye C Y, Jing H Q, et al. *Streptococcus suis* outbreak investigation using multiple-locus variable tandem repeat number analysis[J]. Microbiology and immunology, 2010, 54(7): 380-388.

[47] Chatellier S, Gottschalk M, Higgins R, et al. Relatedness of *Streptococcus suis* serotype 2 isolates from different geographic origins as evaluated by molecular fingerprinting and phenotyping[J]. Journal of clinical microbiology, 1999, 37(2): 362–366.

[48] Madsen L W, Boye M, Jensen H E. An enzyme-based in situ hybridisation method for the identification of *Streptococcus suis*[J]. Apmis, 2001, 109(10): 665–669.

[49] Boye M, Feenstra A A, Tegtmeier C, et al. Detection of *Streptococcus suis* by in situ hybridization, indirect immunofluorescence, and peroxidase-antiperoxidase assays in formalin-fixed, paraffin-embedded tissue sections from pigs[J]. Journal of veterinary diagnostic investigation , 2000, 12(3): 224–232.

[50] Vecht U, Wisselink HJ, Anakotta J, et al. Discrimination between virulent and nonvirulent *Streptococcus suis* type 2 strains by enzyme-linked immunosorbent assay[J]. Veterinary microbiology , 1993, 34(1): 71–82.

[51] del Campo Sep.ú.lveda EM, Altman E, Kobisch M, et al. Detection of antibodies against *Streptococcus suis* capsular type 2 using a purified capsular polysaccharide antigen-based indirect ELISA[J]. Veterinary microbiology , 1996 52(1–2): 113–125.

[52] Kataoka Y, Yamashita T, Sunaga S, et al. An enzyme-linked immunosorbent assay (ELISA) for the detection of antibody against *Streptococcus suis* type 2 in infected pigs[J]. The Journal of veterinary medical science, 1996, 58(4): 369–372.

[53] Chen K, Han H, Luo Z. *Streptococcus suis* II immunoassay based on thorny gold nanoparticles and surface enhanced Raman scattering[J]. The Analyst, 2012, 137(5): 1259–1264.

[54] Yang J, Jin M, Chen J, et al. Development and evaluation of an immunochromatographic strip for detection of *Streptococcus suis* type 2 antibody[J]. Journal of veterinary diagnostic investigation , 2007, 19(4): 355–361.

[55] Ju Y, Hao H J, Xiong G H, et al. Development of colloidal gold-based immunochromatographic assay for rapid detection of *Streptococcus suis* serotype 2[J]. Veterinary immunology and immunopathology, 2010, 133(2–4): 207–211.

[56] 马跃军,李玉荣,刘斌,等.猪链球菌病的综合防治与公共卫生安全[J].畜牧与饲料科学,2009,30(7–8): 157–163.

第六章
预防与控制

动物疫病是影响我国畜牧业发展的重要因素，同时，研究表明，70%的动物疫病可传染给人，75%的人类新发传染病来源于动物或动物源性食品。因此，动物疫病的防控也与公共卫生安全密切相关。国务院2012年颁布的《国家中长期动物疫病防治规划（2012—2020）》中明确指出："动物疫病防治工作关系国家食物安全和公共卫生安全，关系社会和谐稳定，是政府社会管理和公共服务的重要职责，是农业农村工作的重要内容"。近年来，猪链球菌已经成为我国猪场的常见病原，猪链球菌病时有发生，严重威胁着我国养猪业的健康发展和公共卫生安全。猪链球菌病被列为我国二类动物疾病[1]，制定科学合理的防控策略，对于有效控制该病具有重要意义。

第一节 防控策略

一、动物疫病的综合防控策略

一个国家或地区动物疫病的防控，应根据其流行病学特点、研究水平及不同疫病的危害程度，基于宏观经济分析制定长远防控目标和短期防控计划。为了实现防控目标，从目前来看，应严格执行兽医法律法规，加强兽医执法管理，细化动物疫病预防、控制、净化和消灭方案，强化动物疫病综合防控措施。从长远来看，应从微观与宏观两个方向同步加强动物疫病防控理论与技术研究。微观方向将侧重于动物病原功能基因组学、蛋白组学、转录组学等研究，阐明病原的分子进化、毒力因子、致病机制和免疫调控，建立和完善动物疫病检验检疫技术体系，提升兽医生物制品研发水平和推广应用能力。宏观方面应侧重于研究社会因素、环境因素对动物疫病和动物生产的影响，加强动物安全体系建设，建立和完善动物疫病预测、预报和应急反应系统，减少对动物生产和公共卫生的影响。

1. 动物疫病的预防　动物疫病的预防即采取措施将疫病排除在一个未受感染的动物群之外的防疫措施。疫病预防通常有两种含义，即通过多种隔离设施和检疫措施阻止某种传染源进入一个尚未被污染的国家或地区；或通过免疫接种、药物预防和环境控制等措施，保护动物群免遭已存在于该国家或地区的疫病传染。

2. 动物疫病的控制　动物疫病的控制是指通过采取各种方法降低已经存在于动物群中某种传染病的发病率和死亡率，并将该种传染病限制在局部范围内加以就地扑灭的防疫措施。其包括患病动物的隔离、消毒、治疗、紧急免疫接种或封锁疫区、扑杀传染源等方法，以防止疫病在易感动物群中蔓延。因此，从理论上来说它具有疫病预防和疫病扑灭的含义。

3. 动物疫病的净化　动物疫病的净化是指通过采取检疫、消毒、扑杀或淘汰等技术措施，使某一地区或养殖场内的某种或某些动物传染病在限定的时间内逐渐被清除的状态。不同地区或养殖场同时进行疫病净化是最终消灭疫病的基础和前提条件，因此疫病净化是目前国际上许多国家应对某些法定动物传染病的通用方法。

4. 动物疫病的消灭　动物疫病的消灭是指在限定地区内根除一种或几种病原微生物而采取多种措施的统称，通常也指动物疫病在限定地区内被根除的状态。动物疫病的消灭除受各种社会因素影响外，更受病原生物学特性的左右，如病原血清型、病原宿主范围、动物带毒及排毒状态、动物的免疫水平、亚临床感染情况以及疫苗的免疫效果等。疫病消灭的空间范围分为地区性、全国性和全球性三种类型。通过长期不懈的努力，在限定地区内消灭某种动物传染病是完全可能的，已被许多国家的动物疫病防控实践所证实。但是要在全球范围内消灭某种传染病将非常困难,迄今尚无动物传染病在全球范围内成功消灭的报道。

二、猪链球菌病的预防措施

根据猪链球菌病的发病特点和传染特征,可采取如下措施进行预防:

1. 加强饲养管理、减少应激因素　应激是导致猪链球菌病发生的重要因素,预防该病可从减少应激因素着手。应激因素包括饲养密度、空气环境等多种因素。在饲养管理不善的猪场,猪舍封闭,饲养密度大,通风不良易诱发该病。另外,天气突变或者不同日龄的猪混养等因素也可诱发该病,且多继发于猪流行性感冒、猪繁殖与呼吸综合征、猪圆环病毒感染等。因此,在养殖过程中应尽量减少应激因素,降低猪的饲养密度,加强猪舍的通风,保持猪舍环境清洁。

2. 规范消毒制度、清除传染源　猪链球菌病的传染源为病猪和病愈带菌猪、被病猪和带菌猪的排泄物(粪、尿)污染的圈舍,以及鼻液、唾液污染的饲料、饮水等。因此,保持猪舍和猪场内外环境清洁卫生,对发病猪应严格隔离饲养,尽可能淘汰带菌母猪,死猪做深埋、焚烧处理。污染的产品和运输用具及圈舍环境要进行彻底消毒。急宰猪或者宰后发现有可疑病变的胴体,需经高温处理。

3. 消除外伤引起感染的因素　猪圈和饲槽上的尖锐物,如针头铁片、碎玻璃、尖石头等可能引起外伤的物体,需一律消除。新生的仔猪,应立即无菌结扎脐带,并用碘酊消毒。同时,为防止病菌通过口鼻和皮肤创口感染,应防止猪群咬架,一旦发现,立即隔离[2]。

4. 加强检疫、防止动物疫情扩散　养殖场要做好动物的检疫工作。做好动物引种检疫、产地检疫及屠宰检疫,禁止从有发病历史的地区引种,同时需严格把关,杜绝本地区病猪进入市场。

5. 完善猪链球菌病疫情的预警、预报工作　首先要做好猪链球菌病的临床检测统计和病原分离工作,根据临床检测统计和病原分离结果,做到及时预警。同时,要建立健全猪链球菌病的疫情报告制度。要求第一时间及时报告，以在猪链球菌病未发生转移和扩散前及时做出处理，最大限度地降低损失。

6．疫苗预防　发病季节和流行地区，可接种猪链球菌灭活菌苗进行预防。各猪场应视本场病原菌流行情况选取合适的疫苗。一般妊娠母猪于产前4周接种免疫，仔猪断奶后一周接种免疫。

7．药物预防　猪场发生该病后，可用药物对未发病猪进行预防，以控制该病的流行。

由于猪链球菌对四环素、红霉素等抗生素具有较高的耐药性，因此猪场预防猪链球菌病时不宜使用。相反，猪链球菌对青霉素、头孢曲松和万古霉素等抗生素敏感性较高，因此建议使用青霉素等抗生素控制猪链球菌病。若猪群中有个别猪发病，应立即隔离，并对整圈猪采用抗菌药物（青霉素类或磺胺类药物）进行预防[2]。

8．病猪"五不准"　猪群发病后，要做到"五不准"，即不准屠宰、不准加工、不准经营、不准售购、不准食用病死猪肉。饲养和管理相关人员须认识病死猪的潜在危害性，并做好自身防护。

9．猪场建设科学、合理　猪场选址要合适，猪舍建筑需科学。

三、猪链球菌病的治疗措施

一旦发生猪链球菌病，可采取如下措施：

1．猪场封锁与消毒　猪场一旦发病，必须对猪场实施封锁，严禁猪只进出，减少人员流动，避免交叉感染。在发病猪场门口设消毒池，对过往人员严格消毒[3]。

对猪场圈舍、用具、道路等可用复合酚、生石灰等消毒液进行彻底消毒[4]。

2．病死猪的处理与猪舍消毒　对被扑杀的猪、病死猪及排泄物、被污染的饲料、污水等应按有关规定进行无害化处理，通常对病死猪尸体及其内脏等进行深埋或焚烧，粪、尿实行堆肥发酵处理。污染的猪舍、用具等用清水彻底冲洗，场地可用热的2%氢氧化钠溶液消毒，用具可用强力金碘喷洒消毒，并带猪消毒，每日1次，连续7d[1]。

3. **病猪药物治疗**　呈零星散发时，应对病猪作无血扑杀处理，对同群猪立即进行强制免疫接种或用药物预防，并隔离观察14d。必要时对同群猪进行扑杀处理。当猪场发生急性猪链球菌感染时，原则上应进行扑杀处理，但如因特殊情况需要治疗，可参考如下方法：对发生败血症型猪链球菌病的架子猪，可用替硝唑葡萄糖注射液缓慢滴注，每天1次，治疗效果显著，治愈率可达95%以上[5]。也可使用阿莫西林20mg/kg肌内注射，每日3次，治疗效果确实；对于脑膜炎型猪链球菌病，应在早期用抗生素经非肠道途径进行治疗，这是目前提高仔猪成活率的最好方法。在早期注射地塞米松也将收到良好的效果。另外，采用普鲁卡因、青霉素拌入饲料可明显减少猪链球菌性脑膜炎的发生率；对于关节炎型猪链球菌病，使用青霉素、安乃近、地塞米松和维生素B_1肌注，有助于机体的康复[5]。

4. **健康猪紧急预防**　一旦发病，可在饲料中添加敏感抗菌药物，避免在猪群中造成更大规模的传染。有条件的情况下须做药敏试验，选择最敏感抗生素进行紧急预防和治疗。发病早期，可用大剂量青霉素、氨苄青霉素、先锋霉素Ⅳ、先锋霉素Ⅴ、先锋霉素Ⅵ、小诺霉素、磺胺嘧啶、磺胺六甲氧和磺胺五甲氧等治疗。疫区、受威胁区所有易感动物进行紧急免疫接种。

5. **基于噬菌体及其裂解酶的抗菌治疗**　猪链球菌2型因致猪严重感染和致人死亡而备受关注，但目前临床菌株大多呈现对抗生素严重耐药和多重耐药，应用抗生素治疗面临挑战，而基于噬菌体的抗菌策略再现潜力。噬菌体是侵染细菌的病毒，分为裂解性噬菌体和溶原性噬菌体。裂解性噬菌体因在细菌中复制并最终裂解细菌而凸现抗菌应用潜力。

虽然国内外多个课题组都在尝试分离猪链球菌噬菌体，但迄今只有马玉玲等分离获得的一株猪链球菌2型噬菌体SMP，其为双链DNA噬菌体[6]。由于猪链球菌噬菌体分离困难，且具有宿主特异性强、裂菌谱窄等特性[7,8]，制约了噬菌体在该病防控上的直接应用。

研究发现，双链DNA噬菌体发挥裂菌功能的核心为其编码的裂解酶–穿孔素(Lysin–holin)系统[9]，其中裂解酶（Lysin）是噬菌体复制晚期合成的一类细胞壁水解酶，通过水解细胞壁肽聚糖发挥裂菌功能。在大多数噬菌体复制周期中，裂解酶还需借助噬菌体编码的另一重要分子——穿孔素（Holin），利用其在细胞膜上打孔，确保裂解酶在合成后能顺利通过细胞膜到达其作用靶位——细菌肽聚糖，完成裂菌作用（由胞内至胞外）[10]。但在体外裂菌过程中（由胞外至胞内），裂解酶可直接作用于细胞壁，可不需穿孔素参与，不过穿孔素与裂解酶合用却具有协同作用，可增强体外杀菌效率。此外，与抗生素相比，裂解酶杀菌作用更快、更强、广谱，不易导致细菌产生抗性，并与抗生素具协同作用等优势和特点。鉴于此，噬菌体裂解酶作为一种新型的酶抗素（Enzybiotics）而备受关注。

猪链球菌2型噬菌体SMP编码的裂解酶（LySMP）基因全长为1 443bp，基于大肠杆菌和乳酸乳球菌表达的LySMP，对猪链球菌2型、7型和9型、马链球菌兽疫亚种及金黄色葡萄球菌等具高效裂解作用，呈现广谱抗菌活性。在斑马鱼感染模型上，表现出显著的抗猪链球菌感染能力。特别有意义的是其对猪链球菌形成的生物被膜（Biofilm）具有高效清除作用。此外，裂解酶可利用基因工程技术和蛋白质工程技术进行规模化制备，展现了良好的应用潜力[6,7]。

基于对猪链球菌的噬菌体整合酶基因的检测和对已完成测序的猪链球菌全基因组的分析，发现在多数猪链球菌中存在前噬菌体（Prophage），对这些前噬菌体编码的裂解酶的研究也取得可喜进展。例如国外实验室从猪链球菌基因组上获得的前噬菌体的裂解酶PlySs2，其对MRSA、VISA、GBS、GGS、GES和肺炎链球菌等多种菌株都具有高效裂解活性[11]。国内相关实验室也从一株猪链球菌7型菌株中获得前噬菌体裂解酶基因[12]，并采用大肠杆菌进行重组表达，发现该裂解酶的

图6-1 噬菌体裂解酶对猪链球菌2型菌株HA9801的高效裂解活性
注：A、C、E孔添加裂解酶；B、D、F孔为对照（上海交通大学黄庆庆、孙建和提供）

产量大、裂菌效率高、裂菌谱广，对多重耐药的猪链球菌2型、7型、9型、马链球菌兽疫亚种和金黄色葡萄球菌都具有裂解作用（图6-1），特别是对大多数猪链球菌2型菌株裂解活性高，尤其值得一提的是该酶对高温、冷冻、酸碱的耐受能力强，为今后的实际应用提供了便利。基于小鼠感染模型，发现裂解酶具有与敏感抗生素相当的抗菌保护效果。噬菌体裂解酶的研究与应用为临床应用抗生素治疗猪链球菌病提供有益的补充。利用裂解酶这种新型的酶抗素来治疗猪链球菌感染将是未来重要的发展方向。

6. 细菌素治疗　细菌素（Bacteriocin）是由细菌产生的有杀菌或抑菌作用的抗菌肽，其在裂菌谱、作用机制、分子大小和生化性质等方面呈现多样性。尼生素（Nisin）是由乳酸乳球菌产生的一种天然的硫醚抗生素（Lantibiotics）。硫醚抗生素是细菌素的一种，分子量一般小于5kD，热稳定性较好，该细菌素含有一些翻译后修饰的氨基酸，如羊毛硫氨酸、甲基羊毛硫氨酸、脱氢丙氨酸和脱氢酪氨酸，这些氨基酸通过硫酯键连接起来，有助于维持该细菌素的稳定性。尼生素是一种两亲性阳离子多肽，分子中包含34个氨基酸，5个硫酯键[13]，对革兰阳性菌具有广谱抑菌活性，主要作用于细菌细胞膜，对与其产生菌亲缘关系较近的种属抑制作用尤为强烈，如对多重耐药的链球菌便是如此。

目前，尼生素主要是作为食品天然生物防腐剂应用，在50多个国家的乳产品行业中，尼生素是细菌素家族中唯一被批准使用的食品防腐剂，其中包括美国和一些欧洲国家。但是可以预见，尼生素在治疗细菌感染方面，可能将更有用武之地。在兽医领域已经证实，尼生素对金黄色葡萄球菌引起的奶牛乳腺炎疗效显著。最近几年，国外实验室发现其对猪链球菌2型也有抑制作用，并与抗生素有协同抗菌作用。能够产生尼生素的乳酸乳球菌参考菌株ATCC11454，能够抑制猪链球菌ST1、ST25和ST28的生长，其最小抑菌浓度（MIC）和最小杀菌浓度（MBC）分别为1.25～5μg/mL和5～10μg/mL[13]。猪链球菌的荚膜多糖结构对尼生素的抗菌敏感性没有明显影响。透射电子显微镜观察发现，采用尼生素治疗猪链球菌感染时，尼生素通过破坏细菌的细胞膜来裂解细菌。时间-杀菌曲线显示，尼生素具有快速杀菌活性，而它与青霉素、阿莫西林、四环素、链霉素、头孢噻呋等多种抗生素都具有协同杀菌作用[13]，具有预防和治疗猪链球菌感染的潜力，开发应用前景鼓舞人心。

四、人患猪链球菌病的防治对策

猪链球菌是一种人兽共患病原菌，人感染猪链球菌后可引起脑膜炎、败血症、化脓性关节炎、心内膜炎等疾病，严重的可致人死亡[14]。首例确诊的人感染猪链球菌的病例发生在丹麦。近年来，人感染猪链球菌病的数量呈上升趋势，其在全球范围内的流行具有一定的特点：在北美和南美仅有数例人感染猪链球菌2型的报道[15-18]；在欧洲和亚洲部分国家有散发[19-27]；在亚洲的越南和泰国呈地方性流行[19, 28-32]；在中国为散发和地方性流行共存，特别在1998年的江苏和2005年的四川，因暴发导致人感染的猪链球菌病[19, 33-35]，造成了重大的人员伤亡和经济损失。针对人感染猪链球菌的发病和流行特征，建议采取如下防控措施，以降低人感染猪链球菌的概率，科学、有效地保障公共卫生安全[30, 31]。

1. 加强对人畜共患病的安全防范意识　目前所报道的猪链球菌病患者多为从业人员或与病死生猪有过直接接触的人员[36]。由于迄今尚无人用猪链球菌疫苗，因此，饲养员、兽医、防疫检疫人员及屠宰场工人等接触病猪、剖检死亡猪和处理污染物时应特别注意进行防护，提高识别猪链球菌病患病猪和病猪肉的能力，做好全身防护，不直接接触病死动物，如必要时应戴胶皮手套，防止发生外伤，注意阉割、注射和接生断脐等手术的严格消毒等[37]。

各养猪场一旦发现可疑疫情应立即主动报告，并根据动物防疫法立即采取紧急隔离、封锁措施，及时控制和扑杀。禁止屠宰病、死猪[38]，须将其就地深埋或焚烧；禁止随意将病猪尸体抛入河沟和池塘等水体中[36,37]。

其次应增强广大消费者的公共卫生意识，远离病猪，不要接触和购买甚至食用病死猪肉及其肉制品，坚持在正规市场购买经过有关部门严格检疫过的猪肉；讲究食品卫生，家庭和饭店的生、熟肉刀具与案板等应严格分开。食用肉必须彻底煮熟、煮透，不食生肉或半生肉类。在猪链球菌病流行区一旦发现人有类似症状时必须做到早就医、早确诊和早治疗，防止疫情加剧和进一步扩散[36,37]。

2．加强猪病监测和生猪检疫制度　首先，认真落实生猪集中屠宰制度，统一检疫。凡宰前检出猪链球菌病应紧急隔离治疗，恢复后两周方可宰杀；宰后发现可疑病变者应无害化处理；急宰猪应另设急宰间进行处理，防止污染健康猪肉。凡急宰病猪未经无害化处理不准出售；屠宰间泔水必须煮沸后才能饲喂家畜。严禁屠宰病、死猪[38,39]；加强上市猪肉检疫和管理，禁售病死猪肉；加强屠宰场及生猪交易市场的消毒卫生制度。

其次，建立、健全生猪疫情报告制度，对病、死猪取病灶部位，如脓灶、血液、病变淋巴结和组织脏器等进行压片镜检及病原分离鉴定。

3．人感染猪链球菌的治疗　关于人感染猪链球菌并成功治愈的案例较多。大多数猪链球菌菌株对青霉素敏感，当人感染了猪链球菌后，可以静脉注射青霉素G，但是需要注意的是目前至少已经确认了一株猪链球菌对青霉素具有耐药性，而且最近几年分离到的耐药菌株越来越多。除了青霉素外，头孢曲松也是全球公认的治疗细菌性脑膜炎的有效抗菌药物。氨苄西林、诺氟沙星和氨基葡糖苷联合用药也可治疗猪链球菌病。

第二节 疫苗及免疫接种

一、正确认识疫苗的作用

目前对于猪链球菌病的治疗仍主要采用抗生素疗法,由于长期大量地滥用抗生素,导致耐药菌株的不断出现,疾病得不到控制,造成疫病不断暴发。为了控制猪链球菌病的发生,应该以预防为主,辅以药物治疗。疫苗在疫病控制方面发挥了重要作用,无疑是一种十分有效的猪链球菌病的预防措施,但仍要正确认识疫苗在猪链球菌病防控中的作用。

首先,猪链球菌病疫苗免疫不能消除已存在的感染。疫苗免疫的目的在于对易感猪群免疫后在细菌威胁时能够提供临床保护,保护猪群在有效的免疫状态下不发生明显的临床症状和大批死亡。

其次,需正确认识群体免疫和个体免疫的关系。在一个群体中由于个体差异等因素的影响,免疫保护水平不可能达到100%,免疫效果一般呈正态分布,即不可避免地有小部分个体免疫效果可能不理想。根据流行病学原理,只要群体中个体免疫的合格率达到一定水平,就可以有效控制疫病在个体之间的传播,流行就会有效降低,疫病自然会得到控制。

此外,任何一种传染病的流行必须同时存在3个环节,即传染源、传播途径和易感宿主,对于传染病的控制必须从消灭传染源、切断传播途径和提高易感宿主免疫状态3个环节上形成合力,才能有效控制疫病的流行。疫苗免疫仅仅是针对易感宿主这一个环节。因此,要科学合理地使用疫苗,不能滥用,疫苗免疫只能作为猪链球菌病防控的最后一道防线,故对于猪链球菌的防控应在消灭传染源和切断传播途径方面多下功夫。

二、疫苗的种类

为了有效预防猪链球菌病的发生与流行，降低人群感染猪链球菌的机会，近年来，国内外在猪链球菌病疫苗的研发方面，开展了大量的研究，主要有灭活苗、活菌苗和基因工程疫苗。

（一）灭活苗

灭活苗是把病原微生物经物理或化学的方法灭活后制成，其保留了抗原性，但无致病力。灭活苗由于接种后在动物体内不能增殖，因此免疫剂量一般较大，保护期较短，且需要加入免疫佐剂来增强其免疫效果。灭活苗常需多次接种，接种1次往往不能产生具有保护作用的免疫力，必须进行第二次加强免疫才能产生免疫保护。灭活苗作为传统的疫苗，由于其具有研制周期短，使用安全可靠，且易于保存等优点，故在生产实践中主要使用灭活苗。

有研究报道通过筛选临床流行的优势菌株作为疫苗候选株，研制多价灭活苗，用于流行地区的免疫预防，可解决各血清群之间交差免疫能力差和保护力低等缺点。多价灭活苗不仅安全性好，而且免疫效果确实。王建等以马链球菌兽疫亚种ATCC35246株和猪链球菌2型HA9801株作为疫苗候选菌株，制成氢氧化铝胶二联灭活苗，免疫保护率达到100%[40]。余玲娜等采用蜂胶作为佐剂，疫苗对猪的刺激性较小，蜂胶是一种天然药物，故具有一定的开发应用前景。王金合等采用铝胶佐剂和自家猪场分离的菌株，制备铝胶佐剂自家灭活苗对猪链球菌病进行防治，发现自家菌苗保护率高、成本低。虽然采用猪场分离的致病性菌株制成的自家灭活苗能够降低猪的死亡率，但这种自家灭活苗由于其血清型的局限性，只能用作预防同种血清型的猪链球菌病，而对其他新暴发的血清型菌株保护力差。制备猪链球菌自家灭活苗作为防控措施，只能作为个别猪场的权宜之计。

目前国内获得国家兽药产品批文的猪链球菌疫苗主要有五种产品，

由四家企业生产，即：猪链球菌病灭活疫苗（2型，HA9801株）、猪链球菌2型氢氧化铝灭活疫苗（HA9801株）、猪链球菌病灭活疫苗（马链球菌兽疫亚种+猪链球菌2型）、猪链球菌病蜂胶灭活疫苗（马链球菌兽疫亚种+猪链球菌2型）和猪链球菌病灭活疫苗（马链球菌兽疫亚种+猪链球菌2型+猪链球菌7型）。

（二）活菌苗

活菌苗大多为弱毒菌苗，弱毒菌苗的致病力减弱但仍保持原有的抗原性，往往通过人工致弱或自然筛选获得弱毒菌株，经合适条件培养后制备的疫苗。该疫苗的优点是弱毒菌株可在免疫动物机体内繁殖，其用量小，免疫原性好，免疫期长，使用方便，不影响动物产品的品质。缺点是弱毒菌株的毒力可能返强，因而容易散毒，对一些易感动物存在一定的危险性。此外，弱毒疫苗对储运条件要求高，需要冷链贮存和运输，其保存期较短，因此，通常将其制成冻干弱毒菌苗。

早在1977—1978年，广东佛山兽医专科学校和福建省农业科学院畜牧兽医研究所分别以C群菌ST171和L143弱毒株为免疫原，加入蔗糖明胶稳定剂，制成冻干活菌苗，免疫猪保护率可达80.96%～100.00%。2001年高云飞等采用广东佛山兽医专科学校培育的ST171弱毒菌株，经肉汤培养后，加入适当保护剂，制成活菌苗，免疫保护率达75%（9/12）。国内某公司生产的猪败血性链球菌活疫苗（ST171株）在预防猪C群败血性链球菌病上起到了很好的效果，接种疫苗14d可产生坚强的免疫力。目前该菌苗已被广泛应用于预防C群链球菌（实际是马链球菌兽疫亚种）病。

目前尚未研制出有效预防SS2感染的活菌苗。Holt用活的无毒菌株作为疫苗进行免疫，能够使猪得到保护，但不能够清除定居在扁桃体或关节里的猪链球菌2型[41]。Wisselink等用SS2荚膜多糖（CPS）缺失突变株制备活菌苗（CM-LIVE）和福尔马林灭活菌苗（CM-BAC），并与有荚膜的野生株福尔马林灭活菌（WT-BAC）进行免疫保护效果比较，分别用WT-BAC、CM-BAC或CM-LIVE在4周龄和7周龄时免疫接种SPF猪2次，剂量为1×10^9cfu[42]。最后一次免疫后2周，静脉注射1×10^7cfu同源野生型猪链球菌2型，攻击免疫猪和未免疫对照猪，发现WT-BAC接种组免疫保护效果最好，可获得完全保护；CM-BAC接种组仅获得了部分免疫保护（4/5的猪持续几天表现临床症状，但未出现死亡）；CM-LIVE组免疫效果最差，攻毒后免疫猪全部发病，2/5的猪死亡。血清抗体滴度检测结果表明，WT-BAC和CM-BAC免疫猪的SS2抗体滴度高于CM-LIVE免疫猪，在WT-BAC免疫猪中检测到CPS抗体。可见只有用野生株福尔马林灭活苗免疫猪产生的抗体方能抵御SS2感染。虽然自然界存在SS2弱毒菌株或无毒菌株，但迄今为止，用它们制作的疫苗对SS2感染所产生的保护作用并不理想[42]。

同样，基于人工基因突变所构建的SS2弱毒菌株，多用于研究和评价突变基因的功能，其免疫保护作用并不显著。不过，Busque等也有研究发现弱毒菌株#1330有望成为SS2疫苗株，接种4周龄仔猪，27/30产生了特异的IgG抗体，26/30对攻击产生保护，3次免疫接种的保护优于2次接种[43]。

（三）基因工程疫苗

与常规疫苗相比，基因工程亚单位疫苗在安全性和规模生产能力上更具优势。随着分子生物学和免疫蛋白组学等技术的发展，许多学者对猪链球菌具有免疫原性的一些蛋白进行分析、重组和表达，以期制造出可以有效预防猪链球菌感染的基因工程疫苗。

1. 猪链球菌保护性抗原　挖掘保护性抗原是研究候选疫苗分子的必要条件，迄今已鉴定出至少15个猪链球菌保护性抗原。首先，是熟知的4个毒力相关因子保护性抗原分子：溶菌酶释放蛋白（MRP）、细胞外蛋白因子（EF）、溶血素（SLY）和38kD蛋白。其次，是由中国的研究人员发现的10个蛋白抗原。其中一个研究小组在2009年除了发现SLY保护性抗原外，还发现了另外3个新的保护性抗原，即RTX家族胞外蛋白

A(RfeA)、表皮表面抗原（ESA）和免疫球蛋白G结合蛋白（IBP）[44]。另外两个研究小组确认展示在细菌表面的烯醇酶可作为保护性抗原[45]，但是Esgleas等[46]基于小鼠的免疫保护试验结果却与此相反，导致这一矛盾结果的原因首先可能是因为动物模型的问题，其次可能源于重组蛋白、菌株和动物免疫接种程序的不同。另一研究小组新发现了3个免疫原性抗原，即6磷酸葡萄糖脱氢酶（6PGD）、免疫原性蛋白HP0197和位于细胞表面的体内诱导蛋白HP245。值得一提的是，基于蛋白组学发现了3个新的保护性免疫原性蛋白，即：分泌性免疫原性蛋白SsPepO[47]，免疫原性表面蛋白Sat（HP0272）[48,49]和菌毛亚单位PAPI-2b[50]。另外，研究发现SAO表面抗原蛋白可对小鼠和仔猪提供高效保护[51]。

这些猪链球菌表面蛋白或基因簇编码蛋白可以作为猪链球菌亚单位疫苗的候选免疫原，为研制基因工程疫苗提供了更多的选择。

2. 猪链球菌亚单位疫苗　国内外许多学者已开展了卓有成效的猪链球菌亚单位疫苗的研究。Elliott等用纯化的猪链球菌2型CPS添加弗氏不完全佐剂免疫猪，能够诱导产生CPS抗体，但不能抵抗全菌的攻击[52]。Wisselink等报道，用亲和层析法提取猪链球菌2型4005菌株的MRP、EPF，制备亚单位油乳剂疫苗，可产生高滴度抗体和强免疫保护作用，MRP和EPF的亚单位疫苗能够有效地保护猪链球菌2型的感染，免疫效果与全菌油苗相同[52]。李明等以猪链球菌2型江苏分离株SS2-1的基因组为模板，分别扩增mrp基因、epf基因和mrp-epf融合基因，并分别构建原核表达载体后进行转化和诱导表达，结果显示两种蛋白都具有免疫原性，并且用融合蛋白MRP-EPF免疫新西兰兔比用单个蛋白诱导的免疫保护效率更高，提示猪链球菌重要毒力因子串联表达获得的融合蛋白为重要的保护性抗原[52]。同样，梁阳秋等将基于免疫蛋白组学发现的猪链球菌2型的免疫原MRP、HM6（二氢硫辛酰胺脱氢酶）及GAPDH（磷酸-3-甘油醛脱氢酶）等抗原串联表达，其对模式生物斑马鱼和猪均呈现高效免疫保护作用[52]。

王建等用热酸法提取C群菌ATCC35246株的类M蛋白，经纯化的类M

蛋白免疫小鼠,其保护率可达100%(12/12),优于全菌灭活菌苗的83%(10/12)[40]。范红结等将马链球菌兽疫亚种的类M蛋白基因和SS2 MRP基因进行串联表达,表达的融合蛋白同时具有类M蛋白和MRP的抗原性,纯化的重组蛋白免疫猪后,用马链球菌兽疫亚种ATCC35246和SS2菌HA9801攻击可获得60%的保护[40,52]。

活载体疫苗是当今及未来疫苗研制与开发的主要方向之一,活载体疫苗技术在猪链球菌疫苗的研制上也有所尝试。马有智等报道,将猪链球菌溶血素基因克隆原核表达载体,再将重组质粒导入减毒鼠伤寒沙门菌,证明该减毒株有相对安全性,并且抗原基因能在宿主菌中表达。南京农业大学猪链球菌课题组尝试用猪痘病毒作为载体,研制猪链球菌活载体疫苗,已取得进展。

三、确保免疫效果的措施[53]

疫苗免疫接种的效果与多种因素有关,如疫苗的质量、佐剂的类型、接种途径、免疫程序等,此外疫苗的免疫效果还与机体免疫应答能力密切相关。接种疫苗后机体免疫应答是一个极其复杂的生物学过程,许多内外环境因素都会影响机体免疫力的产生、维持和终止,所以,动物接种疫苗后不一定都能产生有效的免疫力。因此,在生产实践中,应结合实际找出造成免疫失败的原因,并根据情况采取相应对策,确保疫苗免疫能发挥最佳效果,控制传染病的发生和流行。具体措施如下:

1. **正确选用疫苗,确保疫苗质量** 应根据猪场流行的猪链球菌病的血清型,选购具有国家农业部批文的合适疫苗,按照疫苗生产企业推荐的免疫程序进行合理免疫。

2. **结合实际制定合理的免疫程序** 在生产实践中,应掌握猪场所在地区及周边地区的猪链球菌病的流行情况,并结合猪场相关疾病发生特点和猪的数量、生理状况等制定合理的免疫程序,且严格按免疫程序执行免疫接种。

3. **正确保存和使用疫苗，确保免疫效果** 疫苗运输和保存条件是影响疫苗质量的关键因素。养殖户应该结合实际条件，严格按照疫苗使用说明书上的保存条件存放疫苗，以保证疫苗的活性和效力。此外，应选择正确的免疫接种途径接种疫苗，以使疫苗在最短时间内发挥最佳效果。

4. **做好免疫前后的饲养管理工作** 在免疫前后应加强饲养管理，如保证饲料营养平衡，保证充足、清洁的饮水，适当补充维生素和必需微量元素，以降低免疫给猪群造成的应激。另外，母源抗体对仔猪有一定的保护能力，但也会不同程度地干扰弱毒疫苗的免疫效果，高母源抗体对首免的干扰作用是造成免疫失败的一个重要因素。因此，在制定免疫程序前，建议检测抗体，了解仔猪母源抗体水平，这对于确定最佳首免时间具有十分重要的意义。

第三节 防控示范

在国家公益性农业行业科研专项"猪链球菌病生物灾害防控技术研究与示范"（200803016）的资助下，由首席专家南京农业大学陆承平教授领衔，挑选了曾是猪链球菌病疫区的四川和江苏及发病风险较大的上海及广东四个地区，建设了不同类型的示范猪场20个，其中包括18个大、中型规模猪场及2个家庭猪场（附录9）。示范猪场分别从猪场设施建设、管理措施、疫病监测、卫生消毒、免疫预防、药物控制、饲料使用和疫情处置等方面实施了"规模化猪场猪链球菌病综合防控技术"，并制定了相关技术规范（图6-2～图6-6）。同时在与越南接壤的广西进行了边境防控隔离带建设示范。

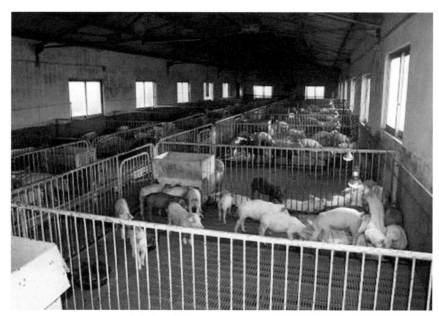

图 6-2 广东省示范猪场应用新型养殖技术控制猪链球菌病

图 6-3 广东省广州市朱村种猪养殖示范场

图6-4 上海市滨海原种猪示范场

图6-5 上海松林畜禽养殖专业合作社家庭农场示范猪场

图 6-6 猪链球菌病防控知识宣传挂图

示范猪场的建设和相关技术的集成、应用和推广，显著降低了上述地区猪链球菌的感染率，例如陈斌等通过对四川部分规模猪场开展免疫预防等综合防控技术，使该地区猪链球菌的带菌率由8.75%降到0，抗体阳性率由11.25%上升到100%，取得了良好的综合防控效果，保障了畜牧业的健康发展和人民的生命安全。

参考文献

[1] 张仁灿. 急性猪链球菌病的诊断与防治 [J]. 农技服务，2008,25(10).

[2] 储美琴，高卫华. 猪链球菌病的发生及防治措施 [J]. 现代农业科技，2014,5: 292.

[3] 黄仲康. 猪链球菌病应急防治技术规范 [J]. 中国牧业通讯，2005,17.

[4] 孙子拉达. 浅谈猪链球菌病的诊治 [J]. 畜禽业，2014,297(1): 83.

[5] 章红兵. 猪链球菌病的研究进展 [J]. 南方养猪兽医研究，2006,201: 6–10.

[6] Wang Y, Sun J H, Lu C P. Purified recombinant phage lysin LySMP: an extensive spectrum of lytic activity for swine streptococci[J]. Current microbiology, 2009, 58(6): 609–615.

[7] Meng X, Shi Y, Ji W, et al. Application of a bacteriophage lysin to disrupt biofilms formed by the animal pathogen *Streptococcus suis*[J]. Applied and environmental microbiology, 2011, 77(23): 8272–8279.

[8] Ma Y L, Lu C P. Isolation and identification of a bacteriophage capable of infecting *Streptococcus suis* type 2 strains[J]. Veterinary microbiology, 2008, 132(3–4): 340–347.

[9] Shi Y, Li N, Yan Y, et al. Combined antibacterial activity of phage lytic proteins holin and lysin from *Streptococcus suis* bacteriophage SMP[J]. Current microbiology, 2012, 65(1): 28–34.

[10] Shi Y, Yan Y, Ji W, et al. Characterization and determination of holin protein of *Streptococcus suis* bacteriophage SMP in heterologous host[J]. Virology journal, 2012, 9: 70.

[11] Gilmer D B, Schmitz J E, Euler C W, et al. Novel bacteriophage lysin with broad lytic activity protects against mixed infection by *Streptococcus pyogenes* and methicillin-resistant *Staphylococcus aureus*[J]. Antimicrobial agents and chemotherapy, 2013, 57(6): 2743–2750.

[12] Tang F, Bossers A, Harders F, et al. Comparative genomic analysis of twelve *Streptococcus suis* (pro)phages[J]. Genomics, 2013, 101(6): 336–344.

[13] Lebel G, Piche F, Frenette M, et al. Antimicrobial activity of nisin against the swine pathogen *Streptococcus suis* and its synergistic interaction with antibiotics[J]. Peptides, 2013, 50: 19–23.

[14] Zhao RL, Qiao PW, Xiao GC, et al. *Streptococcus suis*: an emerging zoonotic pathogen[J]. The lancet infectious diseases , 2007, 7(3): 201–209.

[15] Willenburg K S, Sentochnik D E, Zadoks R N. Human *Streptococcus suis* meningitis in the United States[J]. The New England journal of medicine, 2006, 354(12): 1325.

[16] Callejo R, Prieto M, Salamone F, et al. Atypical *Streptococcus suis* in man, Argentina, 2013[J]. Emerging infectious diseases, 2014, 20(3): 500–502.

[17] Koch E, Fuentes G, Carvajal R, et al. *Streptococcus suis* meningitis in pig farmers: report of first two cases in Chile[J]. Revista chilena de infectologia , 2013, 30(5): 557–561.

[18] Demar M, Belzunce C, Simonnet C, et al. *Streptococcus suis* meningitis and bacteremia in man, French Guiana[J]. Emerging infectious diseases, 2013, 19(9): 1545–1546.

[19] Wertheim H F, Nghia H D, Taylor W, et al. *Streptococcus suis*: an emerging human pathogen[J]. Clinical infectious diseases , 2009, 48(5): 617–625.

[20] Gottschalk M, Segura M, Xu J. *Streptococcus suis* infections in humans: the Chinese experience and the situation in North America[J]. Animal health research reviews , 2007, 8(1): 29–45.

[21] van de Beek D, Spanjaard L, de Gans J. *Streptococcus suis* meningitis in the Netherlands[J]. The Journal of infection, 2008, 57(2): 158–161.

[22] Camporese A, Tizianel G, Bruschetta G, et al. Human meningitis caused by *Streptococcus suis*: the first case report from north-eastern Italy[J]. Le infezioni in medicina : rivista periodica di eziologia, epidemiologia, diagnostica, clinica e terapia delle patologie infettive, 2007, 15(2): 111–114.

[23] Manzin A, Palmieri C, Serra C, et al. *Streptococcus suis* Meningitis without History of Animal Contact, Italy[J]. Emerging infectious diseases, 2008, 14(12): 1946–1948.

[24] Princivalli M S, Palmieri C, Magi G, et al. Genetic diversity of *Streptococcus suis* clinical isolates from pigs and humans in Italy (2003—2007)[J]. Euro surveillance : European communicable disease bulletin, 2009, 14(33).

[25] Kim H, Lee S H, Moon H W, et al. *Streptococcus suis* causes septic arthritis and bacteremia: phenotypic characterization and molecular confirmation[J]. The Korean journal of laboratory medicine, 2011, 31(2): 115–117.

[26] Oh Y J, Song S H. A Case of *Streptococcus suis* Infection Causing Pneumonia with Empyema in Korea[J]. Tuberculosis and respiratory diseases, 2012, 73(3): 178–181.

[27] Tsai H Y, Liao C H, Liu C Y, et al. *Streptococcus suis* infection in Taiwan, 2000—2011[J]. Diagnostic microbiology and infectious disease, 2012, 74(1): 75–77.

[28] Wertheim H F, Nguyen H N, Taylor W, et al. *Streptococcus suis*, an important cause of adult

bacterial meningitis in northern Vietnam[J]. PloS ONE, 2009, 4(6): 5973.

[29] Mai N T, Hoa N T, Nga T V, et al. *Streptococcus suis* meningitis in adults in Vietnam[J]. Clinical infectious diseases : an official publication of the Infectious Diseases Society of America, 2008, 46(5): 659–667.

[30] Ngo T H, Tran T B, Tran T T, et al. Slaughterhouse pigs are a major reservoir of *Streptococcus suis* serotype 2 capable of causing human infection in southern Vietnam[J]. PloS ONE, 2011, 6(3): 17943.

[31] Nghia H D, Tu le T P, Wolbers M, et al. Risk factors of *Streptococcus suis* infection in Vietnam[J]. A case-control study[J]. PloS ONE, 2011, 6(3): e17604.

[32] Kerdsin A, Oishi K, Sripakdee S, et al. Clonal dissemination of human isolates of *Streptococcus suis* serotype 14 in Thailand[J]. Journal of medical microbiology, 2009, 58(Pt 11): 1508–1513.

[33] Ye C, Zhu X, Jing H, et al. *Streptococcus suis* sequence type 7 outbreak, Sichuan, China[J]. Emerging infectious diseases, 2006, 12(8): 1203–1208.

[34] Yu H. J, Jing H Q, Chen Z H, et al. Human *Streptococcus suis* outbreak, Sichuan, China[J]. Emerging infectious diseases, 2006, 12(6): 914–920.

[35] Tang J, Wang C, Feng Y, et al. Streptococcal toxic shock syndrome caused by *Streptococcus suis* serotype 2[J]. PLoS medicine, 2006, 3(5): e151.

[36] 秦春娥. 夏秋季节对人兽共患猪链球菌病的防控[J]. 养殖技术顾问，2007: 101–103.

[37] 马跃军，李玉荣，刘斌，等. 猪链球菌病的综合防治与公共卫生安全[J]. 畜牧与饲料科学，2009,30(7–8): 157–163.

[38] 陆承平. 猪链球菌病与猪链球菌 2 型[J]. 科技导报，2005,23(9): 9–10.

[39] 郑君. 猪链球菌病的诊断与控制措施[J]. 养殖技术顾问，2013，4: 107–108.

[40] 何孔旺，周俊明. 猪链球菌病疫苗研究进展[J]. 疫病控制，2009,8: 22–23.

[41] Holt M E, Enright M R, Alexander T J. Immunisation of pigs with live cultures of Streptococcus suis type 2[J]. Research in veterinary science, 1988, 45(3): 349–352.

[42] Wisselink H J, Stockhofe-Zurwieden N, Hilgers L A, et al. Assessment of protective efficacy of live and killed vaccines based on a non-encapsulated mutant of *Streptococcus suis* serotype 2[J]. Veterinary microbiology, 2002, 84(1–2): 155–168.

[43] Busque P, Higgins R, Caya F, et al. Immunization of pigs against *Streptococcus suis* serotype 2 infection using a live avirulent strain[J]. Canadian Journal of Veterinary Research, 1997, 61(4): 275–279.

[44] Liu L, Cheng G, Wang C, et al. Identification and experimental verification of protective antigens against *Streptococcus suis* serotype 2 based on genome sequence analysis[J]. Current

microbiology, 2009, 58(1): 11-17.

[45] Zhang A, Chen B, Mu X, et al. Identification and characterization of a novel protective antigen, Enolase of *Streptococcus suis* serotype 2[J]. Vaccine, 2009, 27(9): 1348-1353.

[46] Esgleas M, Dominguez-Punaro Mde L, Li Y, et al. Immunization with SsEno fails to protect mice against challenge with *Streptococcus suis* serotype 2[J]. FEMS microbiology letters, 2009, 294(1): 82-88.

[47] Li J, Xia J, Tan C, et al. Evaluation of the immunogenicity and the protective efficacy of a novel identified immunogenic protein, SsPepO, of *Streptococcus suis* serotype 2[J]. Vaccine, 2011, 29(38): 6514-6519.

[48] Mandanici F, Gomez-Gascon L, Garibaldi M, et al. A surface protein of *Streptococcus suis* serotype 2 identified by proteomics protects mice against infection[J]. Journal of proteomics, 2010, 73(12): 2365-2369.

[49] Chen B, Zhang A, Li R, et al. Evaluation of the protective efficacy of a newly identified immunogenic protein, HP0272, of *Streptococcus suis*[J]. FEMS microbiology letters, 2010, 307(1): 12-18.

[50] Garibaldi M, Rodriguez-Ortega M J, Mandanici F, et al. Immunoprotective activities of a *Streptococcus suis* pilus subunit in murine models of infection[J]. Vaccine, 2010, 28(20): 3609-3616.

[51] Li Y, Gottschalk M, Esgleas M, et al. Immunization with recombinant Sao protein confers protection against *Streptococcus suis* infection[J]. Clinical and vaccine immunology : CVI, 2007, 14(8): 937-943.

[52] 苏红，王永明，王晓丽，等. 猪链球菌的病原学及其疫苗的研究进展 [J]. 畜牧兽医科技信息，2008,12: 8-9.

[53] 王晓娟. 疫苗使用时的注意事项及增强效果的措施 [J]. 河南畜牧兽医市场版，2011,32(1): 47-48.

附 录

猪链球菌病 / SWINE STREPTOCOCCOSIS

附录1 世界动物卫生组织猪链球菌病参考实验室简介
（OIE Reference Laboratory for Swine Streptococcosis）

　　南京农业大学动物医学院微生物与免疫实验室于2013年6月13日被批准为世界动物卫生组织（World Organization For Animal Health，OIE）猪链球菌病参考实验室，委任专家为陆承平教授。该实验室是一个设立在中国高等学校的OIE参考实验室，主要进行猪链球菌病的诊断、监测及防控等相关工作。该实验室隶属于南京农业大学，其另一重要职能为培养兽医专业人员。实验室不仅与德国、荷兰、美国等多个国家开展国际交流与合作，而且还与东南亚国家建立长期的合作关系，为其在猪链球菌病的检测、诊断及防控上提供理论指导和技术支持。

OIE委任专家：陆承平教授

实验室主任：姚火春教授

实验室秘书：汤芳博士

联系方式：

中国，江苏省南京市玄武区卫岗1号

电话/传真：0086 25 84396517

邮箱：lucp@njau.edu.cn，yaohch@njau.edu.cn，tangfang@njau.edu.cn

附录2 GB/T 19915.4—2005 猪链球菌2型三重PCR检测方法

前　　言

猪链球菌2型是链球菌属的成员，其致病菌株可致猪链球菌病，引起猪败血症、脑膜炎等。人可通过伤口感染该菌，并导致死亡。为了区别正常猪所携带的猪链球菌2型无毒菌株与发病猪分离的致病菌株，特制定本标准。本标准是采用现代分子生物学诊断技术制定的。

本标准由农业部畜牧兽医局提出。

本标准由全国动物检疫标准化技术委员会归口。

本标准起草单位：南京农业大学。

本标准主要起草人：陆承平、姚火春、范红结、何孔旺。

1　范围

本标准规定了猪链球菌2型荚膜基因（$cps2$）、溶菌酶释放蛋白基因（mrp）和 $orf2$ 这三个毒力基因的三重PCR检测技术。

本标准适用于由猪链球菌2型致病基因和致病菌株的检测。

2　规范性引用文件

下列文件中的条款通过本标准的引用而成为本标准的条款。凡是注日期的引用文件，其随后所有的修改单（不包括勘误的内容）或修订版均不适用于本标准，然而，鼓励根据本标准达成协议的各方研究是否可使用这些文件的最新版本。凡是不注日期的引用文件，其最新版本适用于本标准。

GB/T 6682—1992　分析实验室用水规格和试验方法

3 术语和定义

下列术语和定义适用于本标准。

3.1 猪链球菌2型 *Streptococcus suis* type 2

猪链球菌是属于链球菌属的一种细菌,根据其荚膜多糖抗原的差异,可分为1~34及1/2共35个血清型。猪链球菌2型是猪链球菌的一个血清型,不仅对猪致病性很强,而且可以感染特定的人群,是一种重要的人畜共患病病原菌。

4 测定方法

4.1 方法提要

挑取可疑细菌培养物菌落,加入PCR反应管中,进行PCR扩增,琼脂糖凝胶电泳检测PCR产物,与标准分子量标记比较,来确定扩增产物的大小。

4.2 试剂和材料

除另有规定,所用试剂均为分析纯,水为符合GB/T 6682—1992的灭菌双蒸水。

4.2.1 *cps2*、*mrp*和*orf2*的上下游引物,按合成说明书使用。

4.2.2 *Taq* DNA聚合酶。

4.2.3 琼脂糖:电泳级。

4.2.4 溴化乙锭。

4.2.5 分子量标记:DL-2000。

4.2.6 TE缓冲液:10mmol/L Tris-HCl(pH 8.0),1mmol/L EDTA(pH 8.0)。

4.2.7 10×PCR缓冲液:100mmol/L KCl,160mmol/L(NH_4)$_2SO_4$,20mmol/L $MgSO_4$,200mmol/L Tris-HCl(pH 8.8),1% TritonX-100,1mg/mL BSA。

4.2.8 电泳缓冲液:242g Tris碱,57.1mL 冰乙酸,100mL 0.5mol/L EDTA(pH8.0),加蒸馏水至1 000mL;使用时10倍稀释。

4.2.9 加样缓冲液:0.25%溴酚蓝,40%蔗糖。

4.2.10 阳性对照猪链球菌2型HA9801株基因组DNA模板,阴性对照马链球菌兽疫亚种ATCC 35246株和金黄色葡萄球菌ATCC 25923株基因组DNA模板。

4.2.11 猪链球菌2型三重PCR反应混合物。

4.3 仪器和设备

4.3.1 离心机。

4.3.2 DNA热循环仪。

4.3.3 核酸电泳仪。

4.3.4 pH计。

4.3.5 移液器：10μL、20μL、100μL、1 000μL。

4.3.6 紫外线透射仪或凝胶成像系统。

4.3.7 恒温水浴锅。

4.4 PCR操作步骤

4.4.1 阳性对照和阴性对照DNA模板的提取

分别将猪链球菌2型HA9801、马链球菌兽疫亚种ATCC 35246株和金黄色葡萄球菌ATCC 25923株接种于5%犊牛血清Todd-Hweitt肉汤培养基，37℃摇振培养18h，用革兰阳性细菌柱离心式基因组DNA小量抽提试剂盒提取DNA模板，-20℃保存备用。

4.4.2 PCR扩增

用铂金耳钓取血平板上的可疑单菌落至含有猪链球菌2型三重PCR反应混合物的PCR管中，混匀，加入Taq酶（2U/μL）0.7μL，2 000r/min离心10s，立即进行PCR扩增；同时设去离子水的空白对照、猪链球菌2型HA9801株基因组DNA模板的阳性对照、马链球菌兽疫亚种ATCC 35246和金黄色葡萄球菌ATCC 25923株基因组DNA模板的阴性对照。扩增条件为：94℃预变性5min；94℃ 30s，55℃ 30s，72℃ 40s，30个循环，72℃延伸7min，4℃保存。

4.4.3 琼脂糖凝胶电泳

在电泳缓冲液中加入1%琼脂糖，加热融化后加入溴化乙锭制备凝胶，凝固后进行电泳。8μL酶切产物加入2μL 5×上样缓冲液，混匀后加入上样孔，80V恒压电泳20min，紫外线透射检测。

5 结果及判断

5.1 试验结果成立条件

阳性对照HA9801株经PCR扩增出现约858bp、387bp和316bp三条条带，去离子水的空白对照、马链球菌兽疫亚种ATCC 35246和金黄色葡萄球菌ATCC 25923株基因组DNA模板的阴性对照PCR产物电泳后没有条带，试验结果成立；否则，结果不成立。

5.2 结果判断

琼脂糖凝胶电泳后，在紫外线投射下检测，在空白和阴、阳性对照成立的情况下，待检样品只出现387bp一条条带，可判定为猪链球菌2型；待检样品出现约387bp、316bp和858bp三条条带，或出现387bp和858bp两条条带，可判定为猪链球菌2型致病菌株；待检样品只出现858bp一条条带，可判定为非猪链球菌2型的致病菌；待检样品不出现条带，结果为阴性。

6 废弃物处理和防止污染的措施

检测过程中的废弃物，应收集后高压灭菌处理。

GB/T 19915.3—2005 猪链球菌 2 型 PCR 定型检测技术

前　　言

猪链球菌病是链球菌属中猪源链球菌引致的猪链球菌病的总称，其病原主要有猪链球菌2型和马链球菌兽疫亚种。猪链球菌2型可引起猪败血症、脑膜炎等。人可通过伤口感染该菌，并导致死亡。为控制和预防该菌引致的猪链球菌病，建立快速、特异、敏感的检测方法是当务之急。本标准是采用公认的细菌学诊断的现代分子生物学技术制定的。

本标准的附录A是规范性附录。

本标准由农业部畜牧兽医局提出。

本标准由全国动物防疫标准化技术委员会归口。

本标准起草单位：南京农业大学。

本标准主要起草人：陆承平、范红结、姚火春、何孔旺。

1　范围

本标准规定了猪链球菌2型的PCR的定型方法。

本标准适用于由猪链球菌2型引致的病死猪分离菌的检测和定型。

2　规范性引用文件

下列文件中的条款通过本标准的引用而成为本标准的条款。凡是注日期的引用文件，其随后所有的修改单（不包括勘误的内容）或修订版均不适用于本标准，然而，鼓励根据本标准达成协议的各方研究是否可使用这些文件的最新版本。凡是不注日期的引用文件，其最新版本适用于本标准。

GB/T 6682—1992 分析实验室用水规格和试验方法

3 术语和定义

下列术语和定义适用于本标准。

3.1 猪链球菌2型（*Streptococcus suis* type 2）

猪链球菌是属于链球菌属的一种细菌，根据其荚膜多糖抗原的差异，可分为1~34及1/2共35个血清型。猪链球菌2型是猪链球菌的一个血清型，不仅对猪致病性很强，而且可以感染特定的人群，是一种重要的人畜共患病病原菌。

4 测定方法

4.1 方法提要

挑取可疑细菌培养物菌落加入PCR反应管中，进行PCR扩增，琼脂糖凝胶电泳检测PCR产物，与标准分子量标记比较，确定扩增产物的大小。

4.2 试剂和材料

除另有规定，所用试剂均为分析纯，水为符合GB/T 6682—1992的灭菌双蒸水。

4.2.1 猪链球菌2型定型PCR反应混合物和猪链球菌2型定型套式PCR反应混合物。

4.2.2 Taq DNA聚合酶。

4.2.3 琼脂糖：电泳级。

4.2.4 溴化乙锭。

4.2.5 分子量标记：DL-2000。

4.2.6 TE缓冲液：10mmol/L Tris-HCl（pH 8.0），1mmol/L EDTA（pH 8.0）。

4.2.7 10×PCR缓冲液：100mmol/L KCl，160mmol/L（NH_4）$_2SO_4$，20mmol/L $MgSO_4$，200mmol/L Tris-HCl（pH 8.8），1% TritonX-100，1mg/mL BSA。

4.2.8 电泳缓冲液：242g Tris碱，57.1mL 冰乙酸，100mL 0.5mol/L EDTA（pH8.0），加蒸馏水至1 000mL；使用时10倍稀释。

4.2.9 加样缓冲液：0.25%溴酚蓝，40%蔗糖。

4.2.10 荚膜基因PCR引物和荚膜基因套式PCR引物。

4.2.11 阳性对照和阴性对照。

4.3 仪器和设备

4.3.1 离心机。

4.3.2 DNA热循环仪。

4.3.3 核酸电泳仪。

4.3.4 pH计。

4.3.5 移液器：10μL、20μL、100μL、1 000μL。

4.3.6 紫外线透射仪或凝胶成像系统。

4.4 荚膜基因PCR操作步骤

4.4.1 PCR扩增

用铂金耳钓取血平板上的可疑单菌落至含有猪链球菌2型定型PCR反应混合物的PCR管中，混匀，加入 Taq 酶（5U/μL）0.5μL，2 000r/min离心10s，立即进行PCR扩增，同时设阳性对照和阴性对照。扩增条件为：95℃预变性3min；95℃ 20s、55℃ 30s、72℃ 40s，30个循环，72℃延伸7min，4℃保存。

4.4.2 PCR产物回收

按 Sangong PCR 产物回收试剂盒说明书进行。

4.4.2.1 在25μL PCR 产物中加入100μL 结合缓冲液 Ⅱ（Binding buffer Ⅱ），混匀。

4.4.2.2 将混合物转移到2mL收集管内的UNIQ-10柱中，室温放置2min，12 000g室温离心1min。

4.4.2.3 倒掉收集管中废液，将UNIQ-10柱放置同一个收集管中，加入250μL洗液（Wash solution），12 000g室温离心1min。

4.4.2.4 倒掉收集管中废液，重复步骤4.4.2.3一次。

4.4.2.5 取下UNIQ-10柱，倒掉收集管中的废液，将UNIQ-10柱放入同一个收集管中，12 000g室温离心1min。

4.4.2.6 将UNIQ-10柱放入一根新的1.5mL微量离心管中，在柱子膜中央加12μL洗脱缓冲液（Elution buffer），37℃放置2 min。

4.4.2.7 12 000g室温离心1min，收集回收液。

4.4.3 酶切

0.5mL Eppendorf 管中依次加入：

  DNA（PCR 回收产物） 8.0μL

  Hind Ⅱ 1.0μL

  10×buffer 1.0μL

混匀，37℃酶切2h。

4.4.4 琼脂糖凝胶电泳

在电泳缓冲液中加入1%琼脂糖，加热融化后加入溴化乙锭制备凝胶，凝固后进行电泳。8μL酶切产物加入2μL 5×上样缓冲液，混匀后加入上样孔，80V恒压电泳20min，紫外线透射检测。

4.4.5 检测猪链球菌2型荚膜基因的套式PCR

用铂金耳钓取血平板上的可疑单菌落至含有猪链球菌2型定型套式PCR反应混合物的PCR管中，混匀，加入Taq酶（5U/μL）1.0μL，2 000r/min离心10s，立即进行PCR扩增。扩增条件为：95℃预变性3min；95℃ 40s、55℃ 30s，72℃40s，30个循环，72℃延伸7min，4℃保存。

5 结果及判断

5.1 试验结果成立条件

阳性对照经荚膜基因PCR扩增产物酶切后出现164bp和223bp两条条带后，阳性对照经套式PCR出现178bp及387bp两条条带；阴性对照PCR产物电泳后没有条带，试验结果成立；否则，结果不成立。

5.2 结果判断

在试验结果成立的前提下，如果样品中荚膜基因PCR产物酶切后出现164bp和223 bp两条条带，或套式PCR出现178bp及387bp两条条带，表明猪链球菌2型荚膜基因阳性，再结合液体培养出现短链的特性，可确诊为猪链球菌2型。

6 废弃物处理和防止污染的措施

检测过程中的废弃物，应收集后高压灭菌处理。

附录 A
（规范性附录）
猪链球菌 2 型快速检测程序

猪链球菌2型快速检测程序见图A.1。

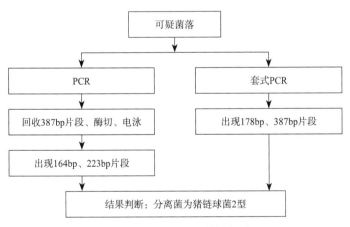

图 A.1 猪链球菌 2 型快速检测程序

GB/T 19915.5—2005 猪链球菌 2 型多重 PCR 检测方法

前　　言

本标准的附录A为规范性附录。

本标准由国家标准化管理委员会提出。

本标准由全国动物防疫标准化技术委员会归口。

本标准由中国检验检疫科学研究院负责起草。

本标准主要起草人：韩雪清、林祥梅、吴绍强、刘建、贾广乐、梅琳、陈国强、张敬友、姜焱、唐泰山。

本标准为首次发布。

1　范围

本标准规定了猪链球菌2型多重PCR检测的操作方法。

本标准适用于检测生猪拭子、增菌培养物、疑似病料及猪组织样品（猪淋巴结、扁桃体、肉品等）中的猪源链球菌及猪链球菌2型。

2　规范性引用文件

下列文件中的条款通过本标准的引用而成为本标准的条款。凡是注日期的引用文件，其随后所有的修改单（不包括勘误的内容）或修订版均不适用于本标准，然而，鼓励根据本标准达成协议的各方研究是否可使用这些文件的最新版本。凡是不注日期的引用文件，其最新版本适用于本标准。

GB/T 6682—1992　分析实验室用水规格和试验方法

3 术语和定义

下列术语和定义适用于本标准。

3.1 猪链球菌2型（*Streptococcus suis* type 2）

猪链球菌是属于链球菌属的一种细菌，根据其荚膜多糖抗原的差异，可分为1~34及1/2共35个血清型。猪链球菌2型是猪链球菌的一个血清型，不仅对猪致病性很强，而且可以感染特定的人群，是一种重要的人畜共患病病原菌。

3.2 多重聚合酶链式反应（多重PCR）（Multiplex polymerase chain reaction）

多重PCR又称多重引物PCR或复合PCR，它是在同一PCR反应体系中加上两对以上引物，同时扩增出多个核酸片断的PCR反应。

4 缩略语

本标准采用下列缩略语：

PCR　　　　聚合酶链式反应
DNA　　　　脱氧核糖核酸
dNTP　　　 脱氧核酸三磷酸
bp　　　　　碱基对

5 试剂和材料

除另有规定外，所用生化试剂均为分析纯，水为符合GB/T 6682—1992的灭菌双蒸水或超纯水。

5.1 猪链球菌2型多重PCR反应混合物

PCR缓冲液（含Mg^{2+}），2μL；dNTP，1.6μL；引物1，0.6μL；引物2，0.6μL；引物3，0.6μL；引物4，0.6μL；菌液1.5μL；酶0.2μL；水12.3μL；总体积20μL。

5.2 *Taq* DNA聚合酶

5.3 10×PCR缓冲液

100mmol/L KCl，160 mmol/L（NH$_4$）$_2$SO$_4$，20 mmol/L MgSO$_4$，200 mmol/L Tris-HCl（pH8.8），1%Triton X-100，1mg/mL BSA。

5.4 dNTP混合液（各2.5mmol/L）

5.5 琼脂糖：电泳级

5.6 溴化乙锭

5.7 DNA分子量标准

5.8 TE缓冲液

10 mmol/L Tris-HCl（pH8.0），1 mmol/L EDTA。

5.9 核酸电泳缓冲液

Tris碱242 g，冰乙酸57.1 mL，0.5mol/L EDTA 100 mL，加蒸馏水至1 000mL，使用时10倍稀释。

5.10 电泳加样缓冲液

0.25%溴酚蓝，40%蔗糖。

5.11 样品对照

猪链球菌2型DNA提取物分别作为阳性对照，马链球菌兽疫亚种DNA提取物为阴性对照。

6 仪器和设备

6.1 台式冷冻高速离心机（>13 000 r/min）。

6.2 DNA热循环仪。

6.3 核酸电泳仪和水平电泳槽。

6.4 凝胶成像系统（或紫外透射仪）。

6.5 可调移液器一套：10 μL、20 μL、200 μL和1 000 μL。

6.6 恒温水浴箱。

7 操作方法

7.1 方法概要

取培养菌液或从组织中提取的基因组DNA作为模板,加入到扩增猪链球菌和猪链球菌2型的PCR反应混合液中,进行PCR扩增;或直接将待检细菌培养进行PCR扩增。最后通过琼脂糖凝胶电泳检测PCR产物,与DNA标准分子量进行比较,来确定扩增产物的大小,在此基础上判定样品的检测结果。

7.2 样品采集

在实验室生物安全柜中操作,将采集的组织样本剔除包膜和其他结缔组织,选取内部实质部分,冻存于-20℃备用。

7.3 组织样本DNA的制备

采用商品化的组织基因组DNA提取试剂盒,按说明书进行操作。

7.4 多重PCR扩增

将培养的细菌纯培养物样品(不经过离心)1.2 μL、或者将制备的各样品DNA以及阳性和阴性对照DNA各1.5 μL分别加入到含有猪链球菌2型菌的PCR反应混合液的相应PCR反应管中[缓冲液(含Mg^{2+}),2 μL;dNTP,1.6 μL;引物1,0.6 μL;引物2,0.6 μL;引物3,0.6 μL;引物4,0.6 μL;酶0.2 μL;加水至总体积20 μL],2 000r/min离心10s,加入Taq酶[(5U/μL)0.2 μL],2 000r/min离心10s,采用DNA热循环仪立即进行PCR扩增。

PCR扩增条件:94℃ 7min;94℃ 30s,60℃ 30s,72℃ 1min,40个循环;72℃ 10min。扩增反应结束后,取出放置于4℃。

7.5 多重PCR扩增产物的电泳检测

称取2.0 g琼脂糖加入100 mL电泳缓冲液中加热,充分溶化后加入适量的溴化乙锭(0.5 μg/mL),然后制成凝胶板。在电泳槽中加入电泳缓冲液,使液面刚刚没过凝胶。取5~10 μL PCR扩增产物分别和适量加样缓冲液混合后,分别加样到凝胶孔。9V/cm恒压下电泳30~35min。将电泳好的凝胶放到紫外透射仪或凝胶成像系统上观察结果,进行判定并做好试验记录。

8 结果判定

8.1 试验结果成立条件

猪链球菌2型阳性对照的PCR产物,经电泳后在305bp和460bp位置同时出现特异性条带,同时阴性对照PCR产物电泳后没有任何条带,则检测试验结果成立,否则结果不成立。

8.2 阳性判定

在试验结果成立的前提下,如果样品中PCR产物电泳后在305bp和460bp的位置上同时出现特异性条带,判定为猪链球菌2型检测阳性;若305bp位置出现特异条带而460bp位置无特异条带,判定为猪源链球菌阳性,但不是2型菌。

8.3 阴性判定

如果在305bp和460bp的位置上均未出现特异性条带,判定为猪链球菌检测阴性。

附录 A
(规范性附录)
检测过程中防止交叉污染的措施

A.1 样品处理和DNA制备

样品处理过程中,应防止不同样本之间的交叉污染,特别避免通过器具、手套、移液器等的污染。

A.2 PCR检测过程

A.2.1 实验前后,要把超净工作台的紫外灯打开,以破坏可能残留的DNA。
A.2.2 抽样和制样工具必须清洁干净,且用于试验的器皿和离心管、PCR管等必须经过121℃、15min高压灭菌后才可使用。

A.2.3 PCR反应液配制、模板DNA提取、PCR扩增、电泳和结果观察等应分区或分室进行，实验室运作应从洁净区到污染区单方向进行。

A.2.4 实验过程中，必须穿实验服，戴一次性手套，而且要及时更换。

A.2.5 所有的试剂、器材、仪器都应专用，不得交叉使用。

附录5 GB/T 19915.2—2005 猪链球菌 2型分离鉴定操作规程

前　　言

猪链球菌2型是链球菌属的成员，其致病菌株可致猪链球菌病，引起猪败血症、脑膜炎等。人可通过伤口感染该菌，并导致发病和死亡。建立准确、可靠的检测方法是诊断、控制和预防该菌引致的猪链球菌病的迫切要求。本标准是采用经典的细菌学鉴定方法并结合现代分子生物学技术制定的。

本标准的附录A为资料性附录，附录B为规范性附录。

本标准由国家标准化管理委员会提出。

本标准由全国动物防疫标准化技术委员会归口。

本标准由南京农业大学、中华人民共和国江苏出入境检验检疫局和中国检验检疫科学院负责起草。

本标准主要起草人：陆承平、姚火春、陈国强、张敬友、张常印、唐泰山、姜焱、王凯民、林祥梅、韩雪清、吴绍强、刘建、贾广乐、梅琳。

本标准为首次发布。

1 范围

本规程规定了猪链球菌2型分离鉴定的操作方法。

本标准适用于猪及其产品中猪链球菌2型的分离鉴定，也可用于送检菌株的鉴定。

2 规范性引用文件

下列文件中的条款通过本标准的引用而成为本标准的条款。凡是注日期的引用文件，其随后所有的修改单（不包括勘误的内容）或修订版均不适用于本标准，然而，鼓励根据本标准达成协议的各方研究是否可使用这些文件的最新版本。凡是不注日期的引用文件，其最新版本适用于本标准。

GB/T 4789.28 食品卫生微生物学检验染色法、培养基和试剂
GB/T 6682—1992 分析实验室用水规格和试验方法
GB/T 19915.3 猪链球菌2型PCR定型检测技术
GB/T 19915.4 猪链球菌2型三重PCR检测方法
GB/T 19915.5 猪链球菌2型多重PCR检测方法
GB/T 19915.7 猪链球菌2型荧光PCR检测方法
GB/T 19915.8 猪链球菌2型毒力因子荧光PCR检测方法
GB/T 19915.9 猪链球菌2型溶血素基因PCR检测方法

3 术语和定义

下列术语和定义适用于本标准。

3.1 猪链球菌2型（*Streptococcus suis* type 2）

猪链球菌是属于链球菌属的一种细菌，根据其荚膜多糖抗原的差异，可分为1～34及1/2共35个血清型。猪链球菌2型是猪链球菌的一个血清型，不仅对猪致病性很强，而且可以感染特定的人群，是一种重要的人畜共患病病原菌。

4 操作规程

4.1 方法概要

检验程序的流程示意图见附录A（资料性附录）。

4.2 试剂和材料

除另有规定，所用试剂均为分析纯，水为符合GB/T 6682—1992的蒸馏水。
各种培养基的制备方法见附录B（规范性附录）。

4.3 仪器和设备

4.3.1 匀质器和匀质杯。

4.3.2 天平：称量范围0~1 000g，读数精度0.1g。

4.3.3 培养箱：36℃±1℃。

4.3.4 恒温水浴锅。

4.4 步骤

4.4.1 样品采集

对病猪，最急性和急性病例可无菌采集死亡猪的心、肝、肺、肾、脾脏、淋巴结等组织，慢性病例如关节炎型一般采取关节液及周围组织；对活猪可采取扁桃体拭子、鼻腔拭子。

4.4.2 分离培养

4.4.2.1 送检菌株的分离

划线接种于普通琼脂绵羊血平板，36℃±1℃培养24h±2h，如菌落生长缓慢，可延长至48h±2h，使之形成单个菌落，以供鉴定用。

4.4.2.2 病料的分离和触片检查

用经火焰灭菌并冷却的接种环蘸取病料内部组织后划线接种于普通琼脂绵羊血平板，于36℃±1℃培养24h±2h，如菌落生长缓慢，可延长至48h±2h后观察。同时取病料做组织触片，姬姆萨染色（按GB/T 4789.28的方法进行染色）后镜检，如见球菌则表明病料中可能含有链球菌。

4.4.2.3 扁桃体和鼻腔拭子的分离

扁桃体和鼻腔拭子样品加入到含有5mL灭菌的选择性THB增菌液（见第B.4章）的试管中，于36℃±1℃培养24h±2h后，划线接种于选择性普通琼脂绵羊血平板（见第B.2章）。

4.4.2.4 动物产品的均质、增菌和分离

以无菌操作取检样25g，加入装有225mL灭菌选择性THB增菌液（见第B.4章）的广口瓶内，均质，于36℃±1℃培养24h±2h后，划线接种于选择性普通琼脂绵羊血平板（见第B.2章）。

4.4.3 初步鉴定

猪链球菌2型在37℃培养24h后，在普通琼脂绵羊血平板和选择性普通琼脂绵羊血平板上形成圆形、微凸、表面光滑、湿润、边缘整齐、半透明的菌落，直径为0.3~1mm，大多数菌株呈α溶血，部分菌株产生β溶血。

将可疑菌落做革兰染色和过氧化氢酶试验。本菌为革兰阳性球菌，菌体直径约1μm，固体培养物以双球菌为多，少量呈3~5个排列的短链，液体培养物以链状为主，无芽孢，能形成荚膜（按GB/T 4789.28的方法进行染色）。本菌过氧化氢酶试验均为阴性。

菌落生长特征、革兰染色、菌体形态和过氧化氢酶试验符合者，可初步确定为链球菌。

4.4.4 生化鉴定

经初步鉴定后，做5%乳糖、海藻糖、七叶苷、甘露醇、山梨醇、马尿酸钠等糖发酵试验。猪链球菌2型发酵5%乳糖和海藻糖产酸，发酵七叶苷，不发酵甘露醇和山梨醇，不水解马尿酸钠。

或应用法国生物−梅里埃公司API20 Strep生化鉴定系统进行生化鉴定。

4.4.5 玻片凝集试验

将可疑菌落接种THB肉汤（见第B.3章），于36℃±1℃培养18h±2h，取1.5mL培养物，经10 000r/min离心3min，弃上清，用100μL生理盐水将沉淀悬浮，取25μL菌体悬浮液分别和等体积的25μL生理盐水、猪链球菌2型阳性血清作玻片凝集试验，其中生理盐水作为稀释液对照并观察待检菌株是否有自凝现象。同时设阳性菌株对照。在生理盐水对照不凝集、阳性菌株凝集的情况下，待检菌株出现凝集为阳性反应。

4.4.6 猪链球菌2型定型PCR检测

见GB/T 19915.3。

4.4.7 猪链球菌2型毒力因子PCR检测

必要时进行猪链球菌2型毒力因子PCR检测。PCR检测方法见GB/T 19915.4、GB/T 19915.5，GB/T 19915.7、GB/T 19915.8、GB/T 19915.9。

5 试验结果分析判定

5.1 符合以下特性者应判为猪链球菌2型：

——猪链球菌2型在37℃培养24h后，在普通琼脂绵羊血平板和选择性普通琼脂绵羊血平板上形成圆形、微凸、表面光滑、湿润、边缘整齐，半透明的菌落，直径为0.3～1mm，大多数菌株呈α溶血，部分菌株产生β溶血。

——革兰阳性球菌，单个、成对或成链存在。

——过氧化氢酶试验阴性。

——发酵5%乳糖和海藻糖产酸，发酵七叶苷，不发酵甘露醇和山梨醇，不水解马尿酸钠（本试验项目具有不确定性，鉴定时供参考）；或法国生物-梅里埃公司API20 Strep生化鉴定系统鉴定为猪链球菌2型者。

——与猪链球菌2型阳性血清玻片凝集试验阳性。

——猪链球菌2型定型PCR检测阳性。

5.2 符合以下特性者的菌株可判定为致病性猪链球菌2型菌株：

——符合5.1的特性。

——主要毒力基因（mrp、ef、$orf2$、sly）全部或之一PCR检测阳性。

6 废弃物处理和防止污染的措施

检测过程中的废弃物，应收集后高压灭菌处理。

附录 A
（资料性附录）
猪链球菌 2 型检验程序

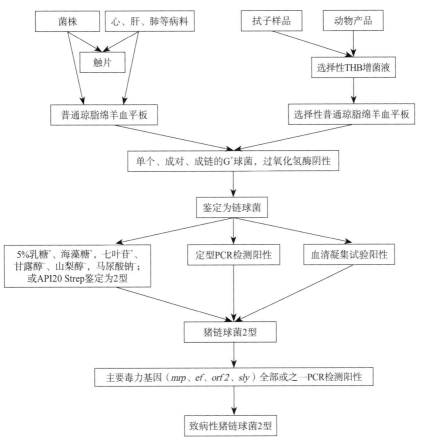

图 A.1 猪链球菌 2 型检验程序

附录 B
（规范性附录）
各种培养基的配置方法

B.1 普通琼脂绵羊血平板

牛肉膏	3.0g
蛋白胨	10.0g
氯化钠（NaCl）	5.0g
磷酸二氢钾（KH_2PO_4）	1.0g
琼脂	15.0g
蒸馏水	1 000mL
脱纤维无菌绵羊血	50mL

除无菌绵羊血外，混匀，加热溶解，调pH至7.6分装，115℃灭菌15min，冷却至45℃加入5%无菌脱纤维绵羊血倾注灭菌平板。

B.2 选择性普通琼脂绵羊血平板

牛肉膏	3.0g
蛋白胨	10.0g
氯化钠（NaCl）	5.0g
磷酸二氢钾（KH_2PO_4）	1.0g
琼脂	15.0g
蒸馏水	1 000mL
无菌羊血	50mL
叠氮钠	0.4g
结晶紫	0.000 4g
亚硫酸钠	0.2g

除无菌绵羊血和结晶紫外，混匀，加热溶解，调pH至7.6分装，加入结晶紫

（可配成适当溶液），115℃灭菌15min，冷却至46℃加入5%无菌脱纤维绵羊血，混匀，倾注灭菌平板。

B.3 Todd-Hewitt 肉汤（简称 THB）

牛肉膏	5.0g
胰蛋白胨	20.0g
葡萄糖	2.0g
碳酸钠	2.5g
氯化钠（NaCl）	2.0g
磷酸二氢钠（Na_2HPO_4）	0.4g；或十二水合磷酸氢二钠（$Na_2HPO_4 \cdot 12H_2O$）1.0g
蒸馏水	1 000mL

将以上各成分混合煮沸，完全溶化，冷却至室温后，调pH，于115℃灭菌10min，最终pH为7.8。

B.4 选择性 Todd-Hewitt 肉汤（简称选择性 THB）

牛肉膏	5.0g
胰蛋白胨	20.0g
葡萄糖	2.0g
碳酸钠	2.5g
氯化钠（NaCl）	2.0g
磷酸二氢钠（Na_2HPO_4）	0.4g；或十二水合磷酸氢二钠（$Na_2HPO_4 \cdot 12H_2O$）1.0g
叠氮钠	0.4g
结晶紫	0.000 4g
亚硫酸钠	0.2g
蒸馏水	1 000mL

将以上各成分（结晶紫除外）混合煮沸，完全溶化，冷却至室温后，调pH，加入结晶紫（可配成适当溶液），于115℃灭菌10min，最终pH为7.8。

GB/T 19915.1—2005 猪链球菌 2 型平板和试管凝集试验操作规程

前　言

猪链球菌2型是链球菌属的成员，其致病菌株可致猪链球菌病，引起猪败血症、脑膜炎等。人可通过伤口感染该菌，并导致发病和死亡。为了通过检测猪血清中猪链球菌2型的抗体，进行猪链球菌2型病的检测和监测，特制定本标准。

本标准由国家标准化管理委员会提出。

本标准由全国动物防疫标准化技术委员会归口。

本标准起草由中华人民共和国江苏出入境检验检疫局和中国检验检疫科学院负责起草。

本标准主要起草人：陈国强、张敬友、张常印、唐泰山、姜焱、王凯民、林祥梅、韩雪清、吴绍强、刘建、贾广乐、梅琳。

本标准为首次发布。

1　范围

本标准规定了猪链球菌2型平板和试管凝集试验的操作技术要求。

本标准适用于猪及其他各种家畜猪链球菌2型抗体的检测。

2　规范性引用文件

下列文件中的条款通过本标准的引用而成为本标准的条款。凡是注日期的引用文件，其随后所有的修改单（不包括勘误的内容）或修订版均不适用于本标准，然而，鼓励根据本标准达成协议的各方研究是否可使用这些文件的最新版本。凡是不注日期的引用文件，其最新版本适用于本标准。

GB/T 6682—1992 分析实验室用水规格和试验方法

3 试剂和材料

3.1 试剂

3.1.1 标准抗原：由指定单位提供，按说明书使用，使用时需回至室温，并充分摇匀。

3.1.2 标准阳性血清：由指定单位提供，按说明书使用，使用时需回至室温，并充分摇匀。

3.1.3 标准阴性血清：由指定单位提供，按说明书使用，使用时需回至室温，并充分摇匀。

3.1.4 试验用蒸馏水：GB/T 6682—1992中的三级水。

3.1.5 稀释液：0.5%石炭酸生理盐水（含0.5%石炭酸、0.85%NaCl）。

3.2 材料

3.2.1 玻璃板：要求洁净，划成每格3cm×3cm的区域，每一格下留少许位置，用于填写血清号。

3.2.2 移液器和（或）可调连续加样器及配套的移液器枪头。

3.2.3 试管架和试管：规格为13mm×100mm，圆底，洁净。

3.2.4 被检血清：按常规方法采血分离血清，血清必须新鲜，无明显蛋白凝固、无溶血、无腐败气味。

运送和保存血清样品时，应防止血清冻结和受热，以免影响凝集价。若3d内不能送到实验室，可用冷藏方法运送血清。试验时须回至室温。

4 操作方法

4.1 平板凝集试验

4.1.1 将玻璃板上各格标上阳性血清、阴性血清和被检血清号，每格各加25μL平板凝集抗原。

4.1.2 在各格凝集抗原旁分别加入阳性血清、阴性血清和相应的被检血清25μL。

4.1.3 用牙签或移液器枪头搅动被检血清和抗原使之均匀混合，形成直径约2cm的液区。轻微摇动，室温下于4min内观察结果。

4.1.4 每次操作以不超过20份血清样品为宜，以免样品干燥而不易观察结果。

4.2 试管凝集试验

4.2.1 稀释被检血清

4.2.1.1 每份被检血清用6支试管，标记检验编号后各管加入0.5mL稀释液。

4.2.1.2 取被检血清0.5mL，加入第1管，充分混匀，从第1管中吸取0.5mL加入到第2管，混合均匀后，再从第2管吸取0.5mL至第3管，如此倍比稀释至第6管，从第6管弃去0.5mL，稀释完毕。

4.2.1.3 从第1至第6管的血清稀释度分别为1∶2、1∶4、1∶8、1∶16、1∶32、1∶64。

4.2.2 加抗原

将0.5mL抗原加入已稀释好的各血清管中，并振摇均匀，血清稀释度则依次变为1∶4、1∶8、1∶16、1∶32、1∶64、1∶128。各反应管反应总量为1mL。

4.2.3 设立对照

每次试验都应设立下列对照。

4.2.3.1 阴性血清对照

阴性血清的稀释和加抗原的方法与被检血清同。

4.2.3.2 阳性血清对照

阳性血清的最高稀释度应超过其效价滴度，加抗原的方法与被检血清同。

4.2.3.3 抗原对照

在0.5mL稀释液中，加0.5mL抗原。

4.2.4 配制比浊管

每次试验均应配制比浊管，作为判定凝集反应程度的依据，先将抗原用等量稀释液作一倍稀释，然后按下表配制比浊管。

表1　比浊管的配制

试管号	1	2	3	4	5
抗原稀释液	1.00	0.75	0.50	0.25	0
0.5%石炭酸生理盐水	0	0.25	0.50	0.75	1.00
清亮度（%）	0	25	50	75	100
凝集度标记	-	+	++	+++	++++

注："++++"表示完全凝集，菌体100%下沉，上层液体100%清亮；
"+++"表示几乎完全凝集，上层液体75%清亮；
"++"表示凝集很显著，液体50%清亮；
"+"表示有沉淀，液体25%清亮；
"-"表示无沉淀，液体不清亮。

4.2.5 感作

所有试验管充分振荡后，置37℃温箱感作20h。

5　判定

5.1　平板凝集试验结果判定

当阴性血清对照不出现凝集（-），阳性血清对照出现凝集（+）时，则试验成立，可以判定。否则应重做。

在4min内出现肉眼可见凝集现象者判为阳性（+），不出现凝集者判为阴性（-）。出现阳性反应的样品，可经试管凝集试验定量测定其效价。

5.2　试管凝集试验结果判定

5.2.1 试验成立条件

当阴性血清对照和抗原对照不出现凝集（-），阳性血清的凝集价达到其标准效价±1个滴度，则证明试验成立，可以判定。否则，试验应重做。

5.2.2 确定每份被检血清效价

比照比浊管判读，出现++以上凝集现象的最高血清稀释度为血清凝集价。

待检血清最终稀释度1∶4并出现"++"以上的凝集现象时，判定阳性反应。

附录7 GB/T 19915.7—2005 猪链球菌 2型荧光PCR检测方法

前　言

本标准的附录A是规范性附录、附录B是资料性附录。

本标准由国家标准化管理委员会提出。

本标准由全国动物防疫标准化技术委员会归口。

本标准起草单位：中华人民共和国北京出入境检验检疫局、中国兽医药品监察所。

本标准主要起草人：张鹤晓、宋立、高志强、宁宜宝、乔彩霞、王甲正、杨承槐、吴丹、谷强。

本标准系首次发布的国家标准。

1 范围

本标准规定了猪链球菌2型荧光PCR检测方法。

本标准适用于增菌培养物、疑似病料及生猪拭子、猪组织样品中猪链球菌2型的检测。

2 规范性引用文件

下列文件中的条款通过本标准的引用而成为本标准的条款。凡是注日期的引用文件，其随后所有的修改单（不包括勘误的内容）或修订版均不适用于本标准，然而，鼓励根据本标准达成协议的各方研究是否可使用这些文件的最新版本。凡是不注日期的引用文件，其最新版本适用于本标准。

GB/T 19438.1—2004　禽流感病毒通用荧光RT-PCR检测方法

3 缩略语

本标准采用下列缩略语：

荧光PCR	荧光聚合酶链反应
Ct值	每个反应管内的荧光信号量达到设定的阈值时所经历的循环圈数
DNA	脱氧核糖核酸
Taq酶	Taq DNA聚合酶
PBS	磷酸盐缓冲生理盐水

4 原理

采用TagMan方法，在比对猪链球菌2型荚膜抗原2J基因（$cps\ 2J$）序列的基础上，设计针对该基因的特异性引物和特异性的荧光双标记探针进行配对。探针5′端标记FAM荧光素为报告荧光基团（用R表示），3′端标记TAMRA荧光素为淬灭荧光基团（用Q表示），它在近距离内能吸收5′端荧光基团发出的荧光信号。PCR反应进入退火阶段时，引物和探针同时与目的基因片段结合，此时探针上R基团发出的荧光信号被Q基团所吸收，仪器检测不到荧光信号；而反应进行到延伸阶段时，Taq酶的5′→3′的外切核酸酶功能将探针降解。这样探针上的R基团游离出来，所发出的荧光不再为Q所吸收而被检测仪所接收。随着PCR反应的循环进行，PCR产物与荧光信号的增长呈现对应关系。

5 猪链球菌 2 型荧光 PCR 检测实验室的标准化设置与管理

猪链球菌2型荧光PCR检测实验室的标准化设置与管理见GB/T 19438.1—2004中附录C。

6 试剂和材料

6.1 试剂

除另有说明，所用试剂均为分析纯。

6.1.1 无水乙醇：-20℃预冷。

6.1.2 75%乙醇：用新开启的无水乙醇和无DNA酶的灭菌纯化水配制，-20℃预冷。

6.1.3 0.01mol/L pH7.2的PBS：配方见附录A，(121±2)℃，15min高压灭菌冷却。

6.1.4 猪链球菌2型荧光PCR检测试剂盒[1]：试剂盒的组成、说明及使用注意事项参见附录B。

6.2 仪器设备

6.2.1 高速台式冷冻离心机：最大转速13 000r/min以上。

6.2.2 荧光PCR检测仪、计算机。

6.2.3 2~8℃冰箱和-20℃冰箱。

6.2.4 微量移液器：0.5~10μL，5~20μL，20~200μL，200~1 000μL。

6.2.5 组织匀浆器。

6.2.6 混匀器。

7 样品的采集与前处理

采样过程中样本不得交叉污染，采样及样品前处理过程中必须戴一次性手套。

7.1 取样工具

7.1.1 棉拭子、剪刀、镊子、研钵、Eppendorf管。

7.1.2 所有上述取样工具必须经(121±2)℃、15min高压灭菌并烘干或经160℃干烤2h。

---

[1] 由指定单位提供，给出这一信息是为了方便本标准的使用者，并不表示对该产品的认可。如果其他等效产品具有相同的效果，则可使用这些等效产品。

7.2 采样方法

7.2.1 生猪拭子样品

咽喉拭子采样，采样时将拭子深入喉头及上腭来回刮3~5次，取咽喉分泌液。

7.2.2 扁桃体、内脏或肌肉样品

用无菌的剪刀和镊子剪取待检样品1.0g于研钵中充分研磨，再加5.0mL PBS混匀，然后将组织悬液转入无菌Eppendorf管中，编号备用。

7.2.3 血清或血浆

用无菌注射器直接吸取至无菌Eppendorf管中，编号备用。

7.3 存放与运送

采集或处理的样本在2~8℃条件下保存应不超过24h；若需长期保存，须放置-70℃冰箱，但应避免反复冻融（最多冻融3次）。采集的样品密封后，采用保温壶或保温桶加冰密封，尽快运送到实验室。

8 操作方法

8.1 样本核酸的提取

在样本处理区进行。

8.1.1 提取方法1

8.1.1.1 取n个1.5mL灭菌Eppendorf管，其中n为待检样品数、一管阳性对照及一管阴性对照之和，对每个管进行编号标记。

8.1.1.2 每管加入1.0mL裂解液，然后分别加入待测样本、阴性对照和阳性对照各100μL，一份样本换用一个吸头；混匀器上震荡混匀5s。于4~25℃条件下，10 000r/min离心10min。

8.1.1.3 取与8.1.1.1中相同数量的1.5mL灭菌Eppendorf管，加入500μL无水乙醇（-20℃预冷），对每个管进行编号。吸取8.1.1.2离心后各管中的上清液转移至相应的管中，上清液要充分吸取，不要吸出底部沉淀，颠倒混匀。

8.1.1.4 于4~25℃条件下5 000r/min离心5min（Eppendorf管开口保持朝离心机转轴方向放置）。轻轻倒去上清，倒置于吸水纸上，吸干液体，不同样品应在吸水纸

不同地方吸干。加入1.0mL 75%乙醇，颠倒洗涤。

8.1.1.5 于4~25℃条件下，5 000r/min离心10min（Eppendorf管开口保持朝离心机转轴方向放置）。轻轻倒去上清液，倒置于吸水纸上，吸干液体，不同样品应在吸水纸不同地方吸干。

8.1.1.6 4 000r/min离心10s，将管壁上的残余液体甩到管底部，用微量加样器尽量将其吸干，一份样本换用一个吸头，吸头不要碰到有沉淀一面，室温干燥5~15s。不宜过于干燥，以免DNA不溶。

8.1.1.7 加入11μL无DNA酶的灭菌纯化水，轻轻混匀，溶解管壁上的DNA，2 000r/min离心5s，冰上保存备用。

8.1.2 提取方法2

8.1.2.1 取n个1.5mL灭菌Eppendorf管，其中n为待检样品数、一管阳性对照及一管阴性对照之和，对每个管进行编号标记。

8.1.2.2 每管加入100μL DNA提取液1，然后分别加入待测样本、阴性对照和阳性对照各100μL，一份样本换用一个吸头，混匀器上震荡混匀5s，于4~25℃条件下，13 000r/min离心10min。

8.1.2.3 尽可能吸弃上清且不碰沉淀，再加入10μL DNA提取液2，混匀器上震荡混匀5s。于4~25℃条件下，2 000r/min离心10s。

8.1.2.4 100℃干浴或沸水浴10min；加入40μL无DNA酶的灭菌纯化水，13 000r/min离心10min，上清即为提取的DNA，冰上保存备用。

8.1.3 DNA提取后的处理要求

提取的DNA必须在2h内进行PCR扩增或放置于-70℃冰箱。

8.2 扩增试剂准备与配制

在反应混合物配制区进行。

从试剂盒中取出猪链球菌2型荧光PCR反应液、Taq酶，在室温下融化后，2 000r/min离心5s。设所需PCR数为n，其中n为待检样品数、一管阳性对照及一管阴性对照之和。每个测试反应体系需使用15μL PCR反应液及0.3μL Taq酶。计算各试剂的使用量，加入一适当体积试管中，向每个PCR管中各分装15μL，转移至样本处理区。

8.3 加样

在样本处理区进行。在各设定的PCR管中分别加入8.1.1.7或者8.1.2.4中制备的DNA溶液10μL，使总体积达25μL。盖紧管盖后，500r/min离心30s。

8.4 荧光PCR反应

在检测区进行。将8.3中加样后的PCR管放入荧光PCR检测仪内，记录样本摆放顺序。

反应参数设置：

——第一阶段，预变性92℃ 3min；

——第二阶段，92℃ 5s，60℃ 30s，45个循环，荧光收集设置在第二阶段每次循环的退火延伸时进行。

9 结果判定

9.1 结果分析条件设定

读取检测结果。阈值设定原则以阈值线刚好超过正常阴性对照品扩增曲线的最高点，不同仪器可根据仪器噪声情况进行调整。

9.2 质控标准

9.2.1 阴性对照无Ct值并且无扩增曲线。

9.2.2 阳性对照的Ct值应≤30.0，并出现特定的扩增曲线。

9.2.3 如阴性对照和阳性条件不满足以上条件，此次实验视为无效。

9.3 结果描述及判定

9.3.1 阴性

无Ct值并且无扩增曲线，表明样品中无猪链球菌2型。

9.3.2 阳性

Ct值≤30.0，且出现特定的扩增曲线，表示样本中存在猪链球菌2型。

附录 A
（规范性附录）
磷酸盐缓冲生理盐水配方

A.1 A液（0.2mol/L 磷酸二氢钠水溶液）

一水合磷酸二氢钠（$NaH_2PO_4 \cdot H_2O$）27.6g，溶于蒸馏水中，最后稀释至1 000mL。

A.2 B液（0.2mol/L 磷酸氢二钠水溶液）

七水合磷酸氢二钠（$Na_2HPO_4 \cdot 7H_2O$）53.6g，[或十二水合磷酸氢二钠（$Na_2HPO_4 \cdot 12H_2O$）71.6g或二水合磷酸氢二钠（$Na_2HPO_4 \cdot 2H_2O$）35.6g]加蒸馏水溶解，最后稀释至1 000mL。

A.3 0.01mol/L，pH7.2 磷酸盐缓冲生理盐水的配制

0.2mol/L A液　　14mL

0.2mol/L B液　　36mL

氯化钠　　　　　8.5g

用蒸馏水稀释至1 000mL。

附录 B
（资料性附录）
猪链球菌2型荧光PCR试剂盒组成、说明及使用时的注意事项

B.1 试剂盒的组成

试剂盒的组成见表B.1。

表 B.1 猪链球菌 2 型荧光 PCR 试剂盒组成

组成（48tests/盒）	数 量
裂解液（提取方法1）或 DNA 提取液1（提取方法2），DNA 提取液2（提取方法2）	48mL×1盒（裂解液）或 5mL×1管（DNA 提取液1），1.6mL×1管（DNA 提取液2）
猪链球菌2型荧光 PCR 反应液	750μL×1管
Taq 酶（5U/μL）	15μL×1管
无 DNA 酶的灭菌纯化水	1mL×1管
阴性对照	1mL×1管
阳性对照	1mL×1管

B.2 说明

B.2.1 裂解液为DNA提取试剂，外观为浅绿色；DNA提取液1、2为无色液体，−20℃保存。

B.2.2 无DNA酶的灭菌纯化水，用于溶解提取的DNA。

B.2.3 PCR反应液中含有特异性引物、探针及各种离子。

B.3 使用时的注意事项

B.3.1 由于阳性样品中模板浓度相对较高，检测过程中不得交叉污染。

B.3.2 反应液分装时应尽量避免产生气泡，上机前注意检查各反应管是否盖紧，以免荧光物质泄漏污染仪器。

B.3.3 除裂解液外，其他试剂−20℃保存，有效期为6个月。

附录8 NY/T 1981—2010 猪链球菌病监测技术规范

前　言

本规范遵照GB/T 1.1—2009给出的规则起草。

本规范由中华人民共和国农业部提出。

本规范由全国动物防疫标准化技术委员会（SAC/TC 181）归口。

本规范起草单位：中国动物卫生与流行病学中心、广西壮族自治区动物疫病预防与控制中心。

本规范主要起草人：范伟兴、王楷宬、张喜悦、王幼明、康京丽、黄保续、刘棋、熊毅。

1 范围

本规范制定了在全国范围内开展猪链球菌病监测和暴发疫情处理的技术规范，主要适用于散养户的调查、监测。

各地可参考本规范，按实际情况开展有针对性的猪链球菌病监测工作。

2 规范性引用文件

下列文件对于本文件的应用是必不可少的。凡是注日期的引用文件，仅注日期的版本适用于本文件。凡是不注日期的引用文件，其最新版本（包括所有的修改单）适用于本文件。

GB/T 4789.28　食品卫生微生物学检验染色法、培养基和试剂

GB/T 19915.1　猪链球菌2型平板和试管凝集试验操作规程

GB/T 19915.2　猪链球菌2型分离鉴定操作规程

GB/T 19915.3　猪链球菌2型PCR定型检测技术

GB/T 19915.4　猪链球菌2型三重PCR检测方法

3　术语和定义

下列术语和文件适用于本文件。

3.1　猪链球菌病（swine streptococcosis）

由多种链球菌感染引起的猪传染病。其中由猪链球菌2型感染所引起的猪链球菌病是一种人畜共患传染病，该病能引致猪急性败血死亡，并能使人致死。

3.2　监测（surveillance）

对某种疫病的发生、流行、分布及相关因素进行系统的长时间的观察与检测，以把握该疫病的发生发展趋势。

3.3　暴发（outbreak）

在一定地区或某一单位动物短时期内突然发生某种疫病很多病例。

4　常规监测

4.1　目的

了解病例的流行形式、感染率、发病率和病死率，以及该病畜间、空间和时间的分布情况。

4.2　监测点的选择

4.2.1　非疫区监测抽样

4.2.1.1　养猪场（户）的活体监测　按照每个乡镇至少抽检1个行政村的抽样比例，从该县（市、区）所有行政村中随机抽样确定待抽样村、在待抽样村随机抽样采集该村饲养猪只的扁桃体拭子。每年3月、6月和10月各采集1批。以行政村为单位，每村采样20头。在对被抽样猪只的选择上，原则上只对100日龄以上的存栏育肥猪进行采样。对不足20头的村，按实际饲养头数采样。填写采样登记表（见附录A）。

4.2.1.2 屠宰场（点）散养屠宰猪的监测　屠宰检疫应将猪链球菌作为重要检查项目，并详细记录检疫结果，对辖区内的屠宰场（点）的屠宰猪只，随机采集扁桃体样品20份，每年3月、6月和10月各采集1次，并对采样猪只的原场（户）来源做好详细记录，填写采样登记表（见附录A）。

4.2.2 曾为疫区的监测抽样

近三年来有人、猪链球菌病发病或死亡的疫区，需进行以下监测：

——每年6月在疫点及周围5km范围内，从所饲养的猪只中随机采集30头猪的扁桃体拭子，进行病原学检测；

——若此地区实行猪链球菌疫苗免疫，每年6月和8月分别在疫点周围5km范围内，从所饲养的猪只中随机采集30头猪血清样品，进行抗体监测。填写采样登记表（见附录A）。

4.3 样品采集

当地动物疫病预防控制机构的兽医技术人员，按照"猪链球菌病样品采集方法"（见附录B），对病死猪、活猪以及慢性和局部感染病例，分别采集相应样品。

4.4 实验室检测

待检样品送至实验室后，按猪链球菌病实验室检测流程（见附录C），选用适当的方法进行分离鉴定和血清抗体检测。若本实验室不具备实验条件或能力，可送国家指定的猪链球菌病诊断实验室进行鉴定。

4.5 结果汇总与分析

样品检测结果填报猪链球菌病病原检测结果汇总表（见附录D），计算猪群的猪链球菌感染率、发病率和病死率，分析疫情发生的可能性与风险因素。

5 暴发疫情监测

5.1 目的

确定引起疫情的病原，明确疫情发生范围，详细调查疫点的饲养方式、饲养密度、发病情况、自然地理条件、气象资料等流行病学因素。了解疫点所在地的既往疫情和免疫情况。

5.2 病例发现与疫情报告

从事动物疫情监测、检验检疫、疫病研究与诊疗以及动物饲养、屠宰、经营、隔离、运输等活动的单位和个人，发现患有猪链球菌病或疑似猪链球菌病暴发疫情时，要立即向当地兽医主管部门、动物卫生监督机构或者动物疫病预防控制机构报告。发现疑似猪链球菌病疫情时，当地动物疫病预防控制机构应及时派员到现场进行突发病例调查（见附录E），同时采集病料进行检测或送检。动物疫病预防控制机构防疫、检疫人员在对辖区内的猪只进行防疫、检疫和诊疗的过程中应加强对猪链球菌病的诊断工作，发现疑似病例按规定进行剖检，采集病料送检，填写病例调查与采样送检单（见附录E），并做好无害化处理。

5.3 样品采集

当地动物疫病预防控制机构的兽医技术人员，按照"猪链球菌样品采集方法"（见附录D），对病死猪、活猪以及慢性和局部感染病例分别采集相应样品。样品种类依附录D，样品采集数量依当地估计流行率查询暴发疫情采样数量表（见附录F）。

5.4 实验室检测

同4.4。

5.5 结果汇总与分析

样品检测结果填报猪链球菌病病原检测结果汇总表（见附录F），确定引起疫情的病原是否为链球菌，明确病原的血清群和种型。必要时，分析流行菌株的毒力因子与基因背景，推测疫情发生原因等。

附录 A
（规范性附录）
采样登记表

_____（□养殖场 □养殖户 □屠宰场）

□曾为疫区	□常规监测				□疫情监测
	□非疫区				
	□屠宰场 □养殖场				
样品编号	采样日期	样品种类	是否免疫该病疫苗及种类，何时免疫	症状	猪只来源地（村）/畜主姓名

采样单位：_____ 采样人：_____

送检人：_____ 送检日期：_____年_____月_____日

附录 B
（规范性附录）
猪链球菌样品采集、包装、运送

猪链球菌样品采集、包装、运送应由经过培训的兽医技术人员进行操作。

B.1 采样器材准备

B.1.1 防护服、无粉乳胶手套、防护口罩，如活体采样备开口器、长30cm左右的棉拭子等。

B.1.2 灭菌的剪刀、镊子、手术刀、注射器和针头等。可以清楚标记且标记不易脱落的记号笔、标签纸、胶布等。

B.1.3 用来采集器官、组织的带螺口盖塑料管等灭菌容器。

B.1.4 血平板和增菌培养液。

B.1.5 带有冰袋或干冰的冷藏容器。

B.1.6 样品采集登记表。

B.2 样品的采集

B.2.1 养殖场（户）活猪的样品采集：用开口器给猪开口，用灭菌的棉拭子（长约30cm）采集活猪的扁桃体拭子，并随即置于选择增菌培养液（含15μg/mL多黏菌素B、30μg/mL萘啶酮酸的脑心浸液）中，带回实验室进行增菌培养；如需进行抗体效价检测，同时采集对应猪的血液5mL；如遇急性菌血症或败血症病例，可无菌采集抗凝全血5mL。

B.2.2 养殖场（户）剖检病死猪的样品采集：无菌采集死亡猪的肝、脾、肺、肾、心血和淋巴结等组织及心血样品，脑膜炎病例还可采集脑脊液、脑组织等样品。

B.2.3 屠宰场健康猪的样品采集：无菌采集屠宰猪的腭扁桃体。

B.2.4 屠宰场肺部急性病变猪的样品采集：无菌采集屠宰猪的肺脏。

B.3 样品运输保存与运输

B.3.1 装病料的容器要做好标记，并根据所采样品的种类详细填写样品采集登记表。

B.3.2 冷藏容器应包装完好，防止运输过程中破损。

B.3.3 采集的样品如不能马上进行检测，则应立即置于安全密闭的保温容器中冷藏运输。

B.3.4 用来检测的标本可在4~8℃冰箱暂放，剩余样品应放置于-20℃保存，用于病原检测的样品不可放置时间太长，尽可能在1周内送实验室进行检测，切勿反复冻融。

B.4 注意事项

B.4.1 采样过程应严格无菌操作，采取一头猪的病料，使用一套器械和容器，避免混用，防止样品交叉污染。

B.4.2 应尽可能在解剖现场接种绵羊血平板和增菌培养液。如无法在解剖现场接种，样品应尽快送实验室，并立即检测。

B.4.3 在标本采集过程中，应穿戴防护用具，注意安全防护，谨防剪、刀、针头等锐器刺伤。

附录 C
（规范性附录）
参考方法

C.1 病料的触片镜检

用灭菌刀片或剪刀将病料组织做一新切面，然后在载玻片上做组织触片，姬姆萨染色（按GB/T 4789.28规定的方法进行染色）后镜检，检查视野中是否有蓝紫色链状球菌。

C.2 链球菌分离鉴定

C.2.1 病料或扁桃体的培养

C.2.1.1 直接分离

用火焰灭菌并冷却的接种环蘸取样品内部组织后，划线接种于绵羊血琼脂平板，于37℃培养16~20h，如菌落生长缓慢，可延长至46~50h后观察。

C.2.1.2 增菌培养

无菌采集样品置脑心肉汤中，37℃增菌培养18~48h，接种新鲜绵羊血平板，置37℃培养16~20h，如菌落生长缓慢，可延长至46~50h后观察。对污染样品接种选择性增菌培养液（15μg/mL多黏菌素B，30μg/mL萘啶酮酸的脑心浸液）增菌约15h后接种绵羊血平板，或直接划线接种含两种抗生素（15μg/mL多黏菌素B，30μg/mL萘啶酮酸）的绵羊血琼脂平板，37℃培养22~26h后观察。

C.2.2 扁桃体拭子或抗凝全血的培养

扁桃体拭子或抗凝全血1mL加入到含有5mL灭菌的选择性增菌培养液试管中，于37℃培养16~20h后，划线接种于选择性绵羊血琼脂平板，37℃培养22~26h后观察。

C.2.3 分离纯培养

参照GB/T 19915.2的规定执行。

C.2.4 鉴定

C.2.4.1 猪链球菌种的鉴定

采用纯化后的单菌落或液体纯培养或提取的细菌基因组，利用猪链球菌种的特异性引物（推荐使用 *gdh* 基因）进行检测，若为阳性者判为猪链球菌（也可先用增菌培养液进行猪链球菌种的鉴定，再进行细菌分离，最终以分离到细菌判为阳性）。

C.2.4.2 猪链球菌2型的PCR鉴定

参照GB/T 19915.2的规定执行。

C.2.4.3 其他血清型的鉴定

若属猪链球菌种，但不属猪链球菌2型的病原菌，可送有资质的实验室进行鉴定。

C.2.4.4 猪链球菌的毒力因子PCR检测

必要时，进行猪链球菌毒力因子的PCR检测。可检测的主要毒力基因包括溶菌酶释放蛋白基因（*mrp*）、细胞外蛋白因子基因（*epf*）、溶血素（*sly*）、*orf*2等。

C.3 结果报告

样品检测结果汇总后，填报猪链球菌病病原检测结果汇总表（见附录D）。

C.4 猪链球菌病实验室检测流程

见图C.1。

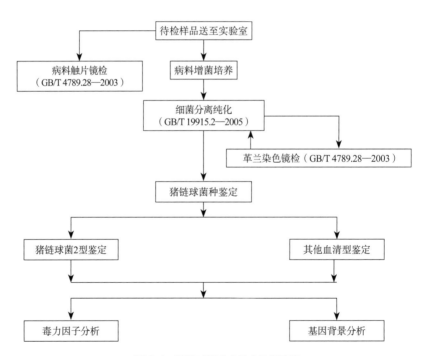

图 C.1 猪链球菌病实验室检测流程

附录 D
（规范性附录）
猪链球菌病病原检测结果汇总表

样品编号	猪只来源	样品类型	分离培养	猪链球菌 2 型（是 +; 否 -）	若非猪链球菌 2 型，说明病原鉴定情况	猪链球菌的毒力因子			结果判定
						mrp	*epf*	*sly*	*orf2*

_____ 省 _____ 市 _____ 县
填报单位：_____ 填报人：_____
填报时间：_____ 年 _____ 月 _____ 日

附录 E
（规范性附录）
病例调查与采样送检单

采样单位				检验单位	
联系电话				样品收到日期	
发病日期	年 月 日 时			检验人	
送检日期	年 月 日 时			结果通知日期	
病例有关情况	猪的品种			联系电话	
	猪舍面积	采样地点			
	同舍猪数	死亡时间	年 月 日 时	实验室病原检测结果	□是猪链球菌2型
	菌苗全称	取材时间	年 月 日 时		□不是猪链球菌2型，而是_____
		猪舍卫生状况	□良好 □一般 □较差 □很差		
		猪舍通风情况	□良好 □一般 □较差 □很差		
		猪舍潮湿情况	□干燥 □较干燥 □潮湿 □很潮湿		
菌苗免疫状况	免疫次数	免疫日龄		诊断结论	
		免疫日期			
疫点既往疫情、自然地理和气候状况					
病例的流行形式、发病率、畜间、空间和时间分布					
主要临诊症状					
主要剖检病变				处理意见	
疫点人群感染、发病情况					
初步诊断结果	□疑似诊断 □临床诊断	送检人			

附录 F
（规范性附录）
暴发疫情采样数量表

群体大小	估算流行率					
	0.1%	1%	2%	5%	10%	20%
10	10	10	10	10	10	8
50	50	50	48	35	22	12
100	100	98	78	45	25	13
500	500	225	129	56	28	14
1 000	950	258	138	57	29	14
10 000	2 588	294	148	59	29	14
无穷大	2 995	299	148	59	29	14

根据《OIE陆生动物诊断试剂与疫苗手册》中，试验敏感性和特异性为100%时，要95%至少检出一例感染的样品数的公式计算。

附录9 规模化猪场猪链球菌病综合防控技术

为指导规模化猪场猪链球菌病防治工作,保护畜牧业发展和人的健康安全,制定本规范。导致猪链球菌感染的风险因素有温度、湿度、猪群运输流动、清洁消毒、污染物控制、病死猪处理、饲养密度、应激、昆虫、鼠类、尘埃、隐性带菌猪、混群饲养、精液、免疫抑制病(PRRS、PCV-2、PR等)、疫苗、药物等。这些风险因素可以通过下面防控技术进行控制。

1 猪场建设及设施防控要求

按照《中华人民共和国动物防疫法》和《GB/T 17823—2009集约化猪场防疫基本要求》《GB/T 17824.1—2008 规模猪场建设》《GB/T 17824.2—2008 规模猪场生产技术规程》《GB/T 17824.3—2008规模猪场环境参数及环境管理》的各项规定,落实猪场建设方面的各项防疫措施。

1.1 猪场大门、生产区入口处要设置同大门相同宽、进场大型机动车轮一周半长的水泥结构的消毒池。

1.2 生产区门口应设有更衣换鞋区、消毒室或淋浴室。猪场入口处要设置长1m以上的消毒池,或设置消毒盆以供进场人员消毒。

1.3 根据防疫需求可建消毒室、兽医室、隔离舍、病死猪无害处理间等,均应设在猪场的下风50m处。猪场内道路应布局合理,设净道、污道、进料和赶猪道,出粪道严格分开,不准回流或交叉使用。

1.4 猪场要有专门的堆粪场,粪尿及污水处理设施要符合环境保护要求,防止污染环境。

1.5 按饲养和生产程序,建筑有种猪舍(含种公猪舍)、妊娠舍、分娩舍、保育舍、育成舍和育肥猪舍,各猪舍之间的距离应为20m左右。应分区布局配种、产房、保育、生长育肥舍，各区之间相隔20m以上。

1.6 猪场要有自建水塔供全场用水。水质应符合国家规定的卫生标准。

1.7 种猪进场要进行隔离观察。进场种猪要在隔离圈观察，出场经过用围栏组成的通道，赶进装猪台。装猪台应设在生产区的围墙外面。

1.8 需要湿帘–风机降温系统、罗轮换气扇和纵向负压通风系统等环境控制设施。

2 猪场管理防控要求

按照《GB/T 17823—2009 集约化猪场防疫基本要求》《GB/T 17824.2—2008 规模猪场生产技术规程》《GB/T 17824.3—2008规模猪场环境参数及环境管理》的各项规定，落实猪场管理的防控要求。

2.1 仔猪断脐、剪牙、断尾、打耳号等要严格用碘酊消毒，当发生外伤时要及时按外科方法进行处理，防止伤口感染病菌，引发该病。

2.2 二点四段等多点饲养模式，结合以周为单位的全进全出饲养模式，做到各段之间相对隔离，人员、物资用具各自独立，互不交叉，阻断疫病传播链。

3 猪链球菌病和其他主要疫病监测

3.1 参照农业部制定的《猪链球菌病应急防治技术规范》及中国动物卫生与流行病学中心制定的《猪链球菌监测技术指南讨论稿》进行采样和猪链球菌监测。检出阳性带菌猪立即隔离饲养。对已疑似发生猪链球菌猪只，必须立即隔离，通知兽医，并将疫病确诊所需样品送往指定实验室进行诊断治疗。

3.2 PRRS、PCV-2、PR、CFS等主要免疫抑制病可以增加猪链球菌的发病率，必须加强监测，每年至少检测2次，发现阳性及时淘汰。对已疑似发生传染病的猪只，必须立即隔离，通知兽医，并将疫病确诊所需样品送往指定实验室进行诊断。一旦确诊，应立即隔离淘汰。

3.3 引进的猪只必须来自非疫区，隔离观察45d以上，经检测的无相应疫病项目后才可混群饲养。

3.4 对猪场公猪精液或授精站精液也要加强监测，检出阳性者及时淘汰公猪。

4 卫生消毒

按照《GB/T 17823—2009 集约化猪场防疫基本要求》相关规定进行操作，房舍、圈舍、设备和器皿必须易于清洗和消毒，以防交叉感染和病原微生物的积聚。粪、尿和饲料残渣必须经常清除，以防异味以及苍蝇和啮齿动物孳生。

4.1 凡进入生产区的所有工作人员应洗手、戴工作帽、穿工作服和胶靴，或淋浴和更换衣鞋。工作服、帽等应保持清洁，并定期消毒。

4.2 场内应建立必要的消毒制度并认真实施，应定期开展场内外环境消毒、家畜体表喷洒消毒、饮水消毒、夏季灭源消毒和全场大消毒等不同消毒方式，并观察和监测消毒效果。疫病流行期间，应增加消毒次数。

4.3 使用的消毒药应安全、高效、低毒低残留且配制方便，应根据消毒药的特性和场内卫生状况等选用不同的消毒药，以获得最佳消毒效果。

4.4 每批猪调出后，对猪舍进行彻底清扫、冲洗和严格消毒，至少空圈5~7d后再进猪。每2周进行1次带猪消毒。

4.5 产房要定期实施消毒。母猪进入产房前，要对体表、外阴和乳房进行清洗和消毒，仔猪断脐也应严格消毒。

5 免疫预防

5.1 推荐使用猪链球菌病灭活疫苗（马链球菌兽疫亚种+猪链球菌2型）或猪链球菌2型灭活疫苗进行免疫，断奶仔猪2mL/头（建议首免20~30d后进行二免，二免剂量2mL/头）；母猪产前30~45d首免，注射3mL/头（产前15~30d进行二免，二免剂量3mL/头）。另外，可根据本地区发生疫病的种类和特点及动物防疫部门制订的其他疫苗的免疫程序，结合本场实际情况，确定免疫接种内容、方法和合理的免疫程序。对免疫猪群应做详细记录和标记，并仔细观察免疫反应情况。

5.2 免疫用具在免疫前后应彻底清洗和消毒。疫苗应现用现配，剩余或废弃的疫苗以及使用过的疫苗瓶应进行无害化处理，不得乱扔。

5.3 猪链球菌疫苗免疫后定期进行的免疫监测、疫病监测，评估疫苗效果。

6 药物预防及治疗

6.1 药物预防

6.1.1 仔猪的预防：仔猪断奶前后各5d，每吨饲料中加强力霉素150g和阿莫西林200g，连续饲喂10d，可有效预防该病的发生。

6.1.2 育肥猪的预防：保育猪转入育肥舍时，2%恩诺沙星粉50g加入20L水中，饮水15d。

6.1.3 母猪的预防：母猪产前、产后各7d饲料中添加阿莫西林，用量为200g/t。

6.2 药物治疗

对诊断出为猪链球菌的，及时隔离，早发现、早隔离、早治疗。推荐使用以下几种治疗方法。

6.2.1 氨苄青霉素，每千克体重3万IU，加地塞米松注射液，每次5~15mL，肌内注射，每日2次，连用5d；同时配合肌内注射链乳康泰注射液，每千克体重0.2mL，每日1次，连用3d。

6.2.2 乙基环丙沙星，每千克体重2.5~10mL，肌内注射，每日2次，连用3d；同时配合肌内注射头孢噻呋，每千克体重5mL，每日1次，连用3d。

6.2.3 磺胺嘧啶钠注射液，每千克体重0.07g，肌内注射，每日2次，连用3d；同时配合肌内注射板蓝根注射液，每次每头猪注射5~10mL，每日2次，连用3d。

6.3 根据本场猪细菌性疾病的发病情况，制订各阶段猪药物预防和保健方案。对发病猪群有针对性地选择药物治疗，选择敏感/高效药物，不滥用抗菌药物。严格执行各类药物休药期的规定。严格按照国家有关规定合理使用兽药及饲料兽药添加剂，严禁采购、使用未兽医药政部门批准的或过期、失效的产品。

7 饲料的使用

使用的饲料原料和饲料产品应来源于疫病清净地区，无霉烂变质，未受农药或某些病原体污染，符合《GB 13078—2001饲料卫生标准》及农业部规定的《允许使用的饲料添加剂品种》。

8 疫情处置

按农业部制定的《猪链球菌病应急防治技术规范》*处理。

---

* 上海市动物疫病预防控制中心编制［引自：公益性行业（农业）科研专项：200803016."猪链球菌生物灾害防控技术研究与示范"项目总结］。

名词索引

α 溶血	5
β 溶血	5

B

败血性休克	47
保护性抗原	38
比值比	88
表型芯片	119

C

穿孔素	159

D

等位基因谱	77
地方流行性	67
毒力岛	30
多位点酶电泳	76
多位点序列分型	76
多重耐药株	97

G

感染性休克	3
共生菌	18
固有耐药	100

H

核糖开关	42
核糖体保护蛋白	100
核糖体分型技术	145
互补RNA	42

环介导等温扩增技术 144

活菌苗 165

获得性耐药 100

J

基因岛 30

基因工程疫苗 166

基因芯片 145

荚膜多糖 8

间接凝集法 139

胶体金免疫层析技术 140

接合 120

聚合酶链式反应 74

K

可移动遗传元件 111

扩增片段长度多态型分析 80

L

量子点荧光检测技术 141

裂解性噬菌体 158

裂解酶 159

磷壁酸 37

M

MLS类抗生素 103

M表型 106

马链球菌兽疫亚种 2

脉冲场凝胶电泳 78

酶抗素 159

酶联免疫吸附试验 140

免疫荧光检测技术 141

灭活苗	164

N

耐药基因	29
耐药性	29
尼生素	160
凝集试验	9

P

葡萄球菌A蛋白	9

Q

前噬菌体	30
群系	77

R

溶菌酶释放蛋白	34
溶血素	6
溶原性噬菌体	158

S

生物被膜	110
实时荧光定量PCR	144
噬菌体	158
随机扩增DNA片段多态性	79

T

肽聚糖	35

X

细菌素	160
细菌sRNA	42
细菌性脑膜炎	3
限制性片断长度多态性	77
协同凝集试验	9

序列型	76
血脑脊液屏障	48
血脑屏障	48
血清型	2
血清学分型	8

Y

亚单位疫苗	167

Z

仔猪水肿病	147
整合性和结合性元件	112
整合子	112
滞留菌	109
中毒休克综合征	17
猪丹毒	146
猪肺疫	146
猪附红细胞体病	146
猪链球菌	2
猪链球菌病	2
猪链球菌的动物模型	50
猪链球菌毒力因子	31
猪瘟	145
主动外排泵	104
转导	120
转化	120
转座子	29
最小杀菌浓度	161
最小抑菌浓度	161